Intersezioni

a Stephen, che costruisce, conta e gioca

John D. Barrow

1 + 1 non fa (sempre) 2

Una lezione di matematica

il Mulino

I lettori che desiderano informarsi sui libri e sull'insieme delle attività della Società editrice il Mulino possono consultare il sito Internet: **www.mulino.it**

ISBN 978-88-15-29061-8

Redazione e produzione: Edimill srl - www.edimill.it

Finito di stampare nell'ottobre 2020 presso la Tipografia Casma, Bologna

Stampato su carta Arcoprint Milk di Fedrigoni S.p.A., prodotta nel pieno rispetto del patrimonio boschivo

Indice

Se la gente non crede che la matematica sia semplice, è solo perché non capisce quanto sia complicata la vita.

John von Neumann

Prefazione

Questo che state per leggere è il mio ultimo libro, non potrò scriverne altri. Parla di numeri. I numeri contano. Sono in molti a pensare che un'operazione come 1 + 1 = 2 sia troppo semplice per destare alcuna preoccupazione. Eppure, esploreremo alcune complicazioni di questa elementare addizione. Esamineremo alcune sottigliezze che accompagnano la somma di cose differenti. Lungo la strada incontreremo alcuni tra i più grandi matematici del XIX e XX secolo, che si sono misurati con questo problema, e capiremo come hanno pensato di risolverlo, chiarendo il processo dell'addizione. Nel fare ciò saremo portati a considerare cose assai inusuali come lo studio degli infiniti, come questi possano essere sommati, e seguiremo le controversie riguardo alla legittimità stessa di considerarli come parte della matematica. Getteremo un occhio sui famosi teoremi di incompletezza di Gödel e infine sul vigoroso dibattito su cosa sia, in ultima analisi, la matematica: «qualcosa che abbiamo scoperto o che abbiamo inventato?». Ma, prima, torneremo ai tentativi delle antiche popolazioni di sviluppare sistemi di numerazione, ai diversi modi per contare, a cominciare proprio dall'*uno*, da sommare a un altro *uno*, così da fare *due*. Come facevano ad andare avanti? Scopriremo che diverse società primordiali hanno sviluppato modi differenti di contare, e che quelle passate attraverso il contare per uno e per due hanno finito quasi tutte per convergere sul sistema decimale, nel solco di coloro che usavano le dieci dita delle mani. Infine, osserveremo alcune inaspettate proprietà dei numeri *uno* e *due*, scoperte per la prima volta da Simon Newcomb e oggi conosciute come «leggi di Benford», comprendendo perché rispondono al vero.

I numeri non sono tutto quello su cui si può contare. Le persone sono molto più importanti. Quelle più importanti sulle quali io posso contare sono la mia carissima Elizabeth, mia moglie da quarantacinque anni ma che conosco da almeno cinquantacinque, i nostri figli David, con sua moglie Emma, Roger con sua moglie Sophie, e Louise con suo marito Stephen, e tutti i nostri nipotini, Tilly, Darcey, Mahler, Guy e Poppy.

Un ringraziamento speciale a nostro figlio Roger, che in questo periodo così difficile ci è stato di grande aiuto, dando prova di una forza illimitata. Devo anche ringraziare, in maniera speciale, Pino e Jo per aver portato avanti il progetto di questo libro e per averne seguito la traduzione con l'aiuto di alcuni colleghi matematici. Non l'avrei potuto fare senza il loro contributo. Che Dio benedica tutti loro.

«Come un torrente il cui corso è sbarrato da una grande roccia, così ora siamo divisi, ma so che alla fine ci incontreremo di nuovo» (*A Hundred and Seventy Chinese Poems*, a cura di Arthur Waley).

John D. Barrow

Per la traduzione della terminologia e di alcuni passaggi matematici di questo volume mi sono avvalso dei consigli del carissimo amico Alessandro Giuliani, che ringrazio molto. Nella cura editoriale complessiva, un ringraziamento sentito va a Carlo Toffalori, che non solo ha ulteriormente riscontrato la correttezza terminologica ma mi ha assistito costantemente, suggerendo anche alcuni importanti aggiustamenti del testo originale che l'autore ha apprezzato e accolto con convinzione. Una lezione di matematica dalla quale tutti abbiamo imparato qualcosa, io più di tutti.

Pino Donghi

Capitolo primo

1 + 1: è veramente così difficile?

One is one and all alone
and evermore shall be so.

Green Grow the Rushes, O
(canzone folk inglese)[1]

Al solo varcare la soglia della scuola elementare, tutti noi incontriamo la nostra prima formula: 1 + 1 = 2, l'oggetto d'indagine di questo libro. Si tratta del primo gradino nell'educazione alla matematica. Ma in effetti, poi, quanto ci sarebbe da dire al riguardo? Non è un'osservazione ovvia? Semplicemente una definizione di ciò che intendiamo per 2. Ma quando la guardiamo un po' più da vicino, ci accorgiamo che ciò che dice la formula non è poi così ovvio. Quanto fa una pera più una mela? Due di cosa? Non due pere e nemmeno due mele. Semplicemente due cose? E cosa sono questi simboli + e =? Qual è il loro reale significato? Se sommiamo due onde identiche ma in anti-fase, così che i picchi di una coincidano con le valli dell'altra, il risultato è zero, non due onde. Se sommiamo una quantità nulla a un'altra quantità nulla, abbiamo due quantità nulle… che equivalgono a nulla. Se proviamo a sommare un infinito a un infinito a un altro infinito, ciò che otteniamo è infinito. Nessuna di queste somme si conforma al modello per cui aggiungendo uno a uno abbiamo due di qualche cosa. Le cose – scusate il bisticcio – non sono semplici come sembrano. Ci devono essere delle regole, riguardo alle singole unità di ciò che si somma, così da ottenere come risultato due.

Tutti i sistemi di numerazione del mondo, insieme alle impressionanti costruzioni scientifiche e tecniche erette sopra di essi, in ultima analisi poggiano su quello che comincia addizionando uno a uno. Molti sistemi primitivi non si sono evoluti dalla semplice e reiterata addizione di diversi «uno» tra loro, usando magari le dita dei piedi e delle mani come guida per mettere insieme «cinquine», «decine» o anche «ventine», e così da ottenere insiemi più facilmente memorizzabili. Nella lingua inglese, lo status speciale del «due» appare chiaro quando si osservi la pletora di parole differenti che stanno per «due»: *pair*, *duo*, *brace*, *double*, *twin*, *duet*, *couple*, *yoke*, *twosome*, *dyad*, *tandem*, *duplet* e *twain*. Nell'uso comune, ognuna di queste parole rimanda al significato di un «due» riferibile ad alcune particolari accezioni. Per esempio: in inglese diciamo «un paio (*brace*) di fagiani», «un giogo (*yoke*) di buoi», «un paio (*pair*) di guanti» o «una coppia (*couple*) di ballerini», ma non useremmo mai *brace* per le scarpe o *couple* per i guanti[2]. Questo dimostra come la parola scelta originariamente per significare «due» era tutt'altro che indifferente alle cose che contava. Salendo a mano a mano la scala dei numeri si incontrano altre specifiche parole per «tre», come «tripla», «terzetto» o «trio», ma andando avanti nella numerazione questi diversi sostantivi tendono a essere sempre meno frequenti: non c'è un'equivalente abbondanza di parole per numeri come sette o undici. È lo stesso fenomeno che osserviamo nei modelli di parole per «uno» e «primo», e per «due» e «secondo» in quattro lingue europee: inglese, francese, tedesco e italiano. In ognuna di queste lingue quelle parole non hanno alcuna relazione l'una con l'altra mentre, quando guardiamo alle parole «tre» e «terzo», «quattro» e «quarto», scopriamo che sono strettamente associate o meglio derivate l'una dall'altra. Lo schema relativo ai primi quattro numeri interi è illustrato qui di seguito:

Inglese: one/first, two/second, three/third, four/fourth...
Francese: un/premier, deux/second (o deuxième), trois/troisième, quatre/quatrième...
Tedesco: ein/erste, zwei/ander (o zweite), drei/dritter, vier/vierte...
Italiano: uno/primo, due/secondo, tre/terzo, quattro/quarto...

In tutte le lingue indoeuropee note, numeri più grandi di 4 sono sostantivi che non sono mai usati come aggettivi che possano cambiare forma a seconda del tipo di cose che devono descrivere. Un aspetto che conferma la natura arcaica di concetti come unità e coppia rispetto a quantità più grandi. Questo dipende dalla nostra abilità di cogliere immediatamente se vi siano 1, 2, 3, 4 o anche 5 oggetti all'interno di un insieme senza aver bisogno di enumerarli uno a uno, fisicamente. E infatti, quando ve ne sono di più, perdiamo questa immediata capacità e abbiamo necessità di contarli, a meno di riuscire a suddividerli in gruppi più piccoli, allo stesso modo in cui facciamo con i numeri del telefono, separando con uno spazio o un trattino tre o quattro cifre alla volta, così da trasferirne il ricordo nella nostra memoria a breve termine. In altra maniera, la divisione può derivare da come, piegando il pollice e usandolo come contatore, ci ritroviamo con quattro dita per ogni mano, tant'è che in molte civiltà questa è l'unità di lunghezza che chiamiamo «palmo», equivalente all'estensione delle altre quattro dita sovrapposte[3]. *Digit*, la parola che in inglese usiamo per «cifra», viene dal singolo dito della mano, e ne consegue l'unità di misura quando si ordina un qualche tipo di superalcolico: un dito di whisky corrisponde alla misura dello spessore dell'indice, o del medio, con i quali afferriamo il fondo del bicchiere.

Nella nostra modernità abbiamo usato sistemi di numerazione che impiegano basi diverse, come il sistema binario adottato dai linguaggi per il computer. Che succede a 1 + 1 in quel caso?

I filosofi della matematica hanno indagato in profondità il significato della nostra semplice formula, chiedendosi se potesse essere dimostrata definendo per via assiomatica i numeri e la loro operazione di addizione. Un classico come i *Principia Mathematica*, scritti da Bertrand Russell insieme al suo tutor Alfred North Whitehead nel 1910, non arriva a dimostrare che 1 + 1 = 2 prima di aver passato in rassegna molte centinaia di pagine delle 2.000 circa che compongono i tre volumi[4]. Gli autori sottolineano poi, in maniera piuttosto disarmante bisogna dire, che la proposizione è «occasionalmente utile». Più avanti, nel capitolo sesto, analizzeremo questa dimostrazione in termini più semplici di quelli usati nel testo originale, così da permetterne la comprensione anche a un lettore che non sia matematico o logico di professione. I filosofi, di fatto, ancora dibattono se la nostra formula sia da interpretarsi solo come una definizione di ciò che intendiamo per 2, o per +, o anche (come succede per la matematica nel suo insieme) se sia qualcosa che dobbiamo considerare come una scoperta o una semplice invenzione, alternativa che discuteremo nel capitolo decimo.

Muovendoci su un piano certamente meno impegnativo, molti di noi hanno una certa familiarità con l'uso piuttosto elementare di piccoli numeri, per esempio quelli che assegnano 2, oppure 3 punti per la vittoria in una partita di calcio, 0 punti per la sconfitta e un punto a testa in caso di pareggio. Il cambiamento che ha portato ad assegnare 3 punti per la vittoria è, dal punto di vista numerico, piuttosto scomodo. Una partita che finisca con una squadra vincitrice assegna 3 punti in totale, 3 a quella vincente, 0 a quella che ha perso; ma una partita che finisce in parità distribuisce solo 2 punti, 1 per squadra. Nel sistema precedente, quello che assegnava 2 punti per la vittoria, 2 rimanevano i punti a disposizione qualunque fosse il risultato. Questo cambia in modo rilevante la possibilità di prevedere l'esito del campionato per ogni singola squadra dopo un certo numero di partite. Noi (e con noi i giocatori, i manager e i giornalisti sportivi) siamo abituati a usare il semplice modello deduttivo che afferma che il numero massimo di punti raggiungibili equivale alla somma di quelli già ottenuti più quelli ipotetici nel caso la squadra vinca tutte le partite rimanenti. Ma cosa succede, invece, se si voglia tener conto di tutto l'insieme di labirintiche interconnessioni che si determinano prendendo in considerazione i diversi risultati possibili per ogni singola partita di ogni singola squadra? Ciò che viene fuori è che, con il sistema precedente, quello che distribuiva 2 punti per ogni partita, indipendentemente dal risultato, era possibile prevedere la progressione futura di ogni squadra a partire da un certo momento della stagione. Da quando si è deciso di premiare con 3 punti la vincitrice, il fatto che ogni singola partita può distribuire 3 o 2 punti a seconda del risultato è sufficiente ad aumentare la gamma di possibilità in maniera tale che la posizione nella classifica finale di ogni singola squadra non è più prevedibile dal punto di vista computazionale. Semplicemente, ci sono troppi possibili sviluppi che si creano a partire dal «raddoppio» delle possibilità di distribuzione dei punti per ogni partita.

Se l'esempio del calcio ha stimolato il vostro appetito, ecco un altro paradosso.

Siamo tutti d'accordo che 1 – 1 fa 0, così come – 1 + 1 fa pure 0. Inoltre la somma di addendi uguali a 0, eventualmente infiniti addendi, resta sempre 0. Ma allora

$$\begin{aligned} 1 &= 1 + 0 + 0 + 0 + \ldots = \\ &= 1 + (1 - 1) + (1 - 1) + (1 - 1) + \ldots = \\ &= 1 + 1 + (-1 + 1) + (-1 + 1) + (-1 + 1) + \ldots = \\ &= 1 + 1 + 0 + 0 + 0 + \ldots = 2. \end{aligned}$$

Quindi 1 = 2.

E a questo punto tutta l'aritmetica collassa giacché, se c'è una contraddizione logica nel sistema assiomatico, allora è possibile dimostrare che qualsiasi cosa è vera.

Un aneddoto abbastanza famoso relativo a questo tipo di possibile contraddizione ci riporta a una circostanza storica, una celebre lezione di Bertrand Russell durante la quale uno studente, dubitando della conclusione che da 2 = 1 si può derivare qualsiasi genere di conseguenza, sfidò Russell a dedurne che lui era il Papa. La risposta di Russell fu immediata: «noi abbiamo che 2 = 1, quindi c'è un solo membro. L'insieme che contiene solo me e il Papa ha due membri. Ma 2 = 1, quindi c'è solo un membro; se ne deduce che io sono il Papa».

Ecco suonare il campanello d'allarme... qualcosa deve essere andato storto. Andiamo avanti!

Note

[1] «Uno è uno e solo sta e sempre così starà».

[2] Anche in italiano non si direbbe mai una «coppia» di guanti ma sempre un «paio» (e in genere si adotta la stessa soluzione per ciò che ha a che fare con l'abbigliamento); non è impossibile riferirsi a «una coppia di buoi», anche se un «giogo» è sicuramente di uso più comune. In sostanza, gli esempi di parole differenti per il concetto di «due» si ritrovano anche nella nostra lingua.

[3] In italiano per «palmo» s'intende la distanza che va dalla punta del pollice alla punta del mignolo della mano completamente aperta; nella tradizione anglosassone il palmo corrisponde alle quattro dita sovrapposte, escluso il pollice.

[4] La dimostrazione comincia a p. 83 del secondo volume dei *Principia Mathematica*, alla proposizione 110.643.

Capitolo secondo

Mani e piedi. All'origine del contare

> «Scusi signore, mi permetta una domanda. Se la chiesa dovesse dirle che "Due più tre fa dieci", lei cosa farebbe?». «Caro signore – rispose – io ci crederei, e comincerei a contare in questo modo: uno, due, tre, quattro, dieci». La risposta fu di mia piena soddisfazione.
>
> James Boswell
> *La vita di Samuel Johnson*

La capacità di contare è più universale di qualsiasi altra caratteristica umana a parte quella che regola l'acquisizione della competenza linguistica. Il linguaggio sembra pre-programmato nel cervello dallo sviluppo evolutivo. È stato Noam Chomsky il primo a suggerire che questa abilità si stabilisce in età molto precoce grazie all'acquisizione di modelli che arrivano dall'ambiente in cui è immerso il soggetto, che, a partire dalla lingua madre, attivano di conseguenza una serie di «interruttori» relativi al programma (genetico) già cablato nel cervello. In questo quadro troverebbe spiegazione una serie di stranezze come quella per cui, nei primissimi anni di vita, sembra che apprendiamo molte più cose di ciò che saremo in grado di imparare o che ci verrà insegnato in seguito. Una buona parte di questo bagaglio conoscitivo in effetti era già presente e aspettava solo di essere attivata.

Molto si è dibattuto sulla possibilità che lo stesso schema sia in opera anche nel nostro senso per i numeri. Ma rispetto alle prodezze linguistiche di cui siamo capaci, l'abilità numerica è molto più rudimentale e quindi sembra più plausibile che sia stata acquisita a partire da necessità di base della vita quotidiana o da caratteristiche fisiologiche, come il fatto di avere cinque dita per mano, dieci se le contiamo entrambe, venti se aggiungiamo le dita dei piedi.

Se attraversiamo a ritroso i quattro angoli del mondo, agli albori della civiltà ci accorgiamo che l'origine dei sistemi di numerazione corrisponde ai «contatori-per-due». Si tratta di popoli che per contare usavano solo due termini, potremmo dire due etichette, una per l'«uno» e una per il «due». Le quantità più grandi erano computabili attraverso l'addizione di questi due termini di base. Una traccia residuale di questo sistema molto semplice per il quale grandezze più grandi di due venivano descritte come «lontane» o «oltre» ci proviene dalla lingua latina, dove troviamo la parola *trans* che significa «oltre» e che ha la medesima radice di «tre»; lo stesso «tre», che in francese si scrive *trois*, condivide la derivazione con il *très* che sta per «molto». Oltre il due, insomma, iniziava l'«oltre». In alcune parti dell'Africa, in Sud America e nella Nuova Guinea possiamo osservare che questo sistema elementare di numerazione «per 2» si estende a quantità più grandi per mezzo di una semplice ripetizione, così che 3, 4 e 5 vengono espressi come «due-uno», «due-due» e «due-due-uno», e così via. In generale, per altro, il modello non va oltre nella maniera che ci appare oggi intuitivamente conseguente, giacché il «contare per

2» non distingue come diverse combinazioni quali «due-due» o «due-due-uno»: esse appaiono come la semplice unione di quei gruppi che sono stati identificati, le unità e le coppie. Per avanzare nella conoscenza e nella capacità di astrazione c'era bisogno di un balzo concettuale che si riuscì a fare solo in alcune aree del mondo antico.

Inoltre ci si può chiedere se i popoli di queste società primitive effettivamente contassero, e quindi intendessero la nostra semplice somma, 1 + 1 = 2, come la intendiamo noi. In realtà, loro usavano le parole per quei numeri come semplici aggettivi utili a descrivere ciò che vedevano. Non a caso gli indigeni della British Columbia, che parlavano il tsimshian, avevano un certo numero di parole per i differenti tipi di oggetti. In una conversazione generica che non si riferiva a nulla di specifico, le parole per uno e due cambiavano a seconda che si riferissero a oggetti piatti, oggetti curvi, uomini, oggetti lunghi, canoe e misure, secondo lo schema che segue:

Numeri	In generale	piatto	curvo	uomini	lungo	canoe	misure
1	gyak	gak	g'eral	k'ul	k'wawutskan	k'amaet	k'al
2	t'epqat	t'epquat	goupel	t'epqadal	gaopskan	g'alpeeltk	gulbel

In questo esempio i singoli termini non rivestono particolare interesse; piuttosto il nucleo della questione è l'uso in forma di aggettivo delle quantità numerate. Nelle lingue europee i numeri che usiamo attualmente si sono da moltissimo tempo allontanati dalle loro forme originali, e i molti legami che intrattenevano con i sostantivi e gli aggettivi sono scomparsi. Nel corso dei secoli l'attenzione si è spostata dalle parole usate per descrivere i numeri al loro valore simbolico e alle regole per la loro combinazione. Per noi è di immediata evidenza che la formula 1 + 1 = 2 non può emergere se non in un contesto di oggetti della stessa forma, per esempio circolare. Se in una collezione di oggetti di forme differenti proviamo a sommare un oggetto rotondo a uno piatto, non otteniamo due oggetti, di qualsiasi forma essi siano. Il significato dei numeri non corrisponde all'attività del contare. Senza quest'ultima non c'è aritmetica, non si dà 1 + 1 = 2. È qui che possiamo apprezzare la trasformazione che si è operata nell'uso dei numeri rispetto alle civiltà più primitive. Oggi, quando sommiamo 1 a 1 stiamo sommando una cosa non meglio specificata a un'altra dello stesso tipo, e così abbiamo due «cose». Se vogliamo determinare le cose abbiamo bisogno che siano della stessa specie. Tra le popolazioni primitive, invece, ci volevano parole diverse per le quantità di uno o di due della stessa specie di cose.

Non c'è un sistema per l'individuazione delle relazioni basate su quantità differenti. Di seguito un resoconto rivelatore, come riportato da Francis Galton centoventi anni fa, e che si riferisce al particolare modo di comperare o barattare cose in numero maggiore di uno nei mercati dell'epoca. Nel caso specifico si trattava di barattare pecore con stecche di tabacco.

In caso di baratto ogni pecora doveva essere pagata separatamente. Immaginiamo che due confezioni di tabacco siano il corrispettivo di una pecora. Un Demara sarebbe stato molto sorpreso di ricevere quattro confezioni di tabacco in cambio di due pecore. Io ho fatto l'esperienza e ho visto che il Demara metteva da parte le due confezioni e le osservava in relazione alla pecora che stava per vendere. Convinto della correttezza dello scambio riguardo alla prima pecora, si ritrovava nelle mani altre due confezioni come acconto per il secondo animale ed era afflitto da mille dubbi, c'era qualcosa che non capiva nella transazione, ritornava a considerare la prima coppia di confezioni di tabacco e la questione diventava per lui sempre più confusa, il suo sguardo passava da una pecora all'altra. La transazione non riuscì ad andare avanti fino a che non gli furono consegnate le due confezioni di tabacco e la pecora fu allontanata dalla sua vista. Solo a questo punto si poté andare avanti scambiando le successive due confezioni con la seconda pecora.

Contare con le dita è alla base di tutti i più significativi sistemi di numerazione che conosciamo. In alcune società tutte le parti del corpo si sono via via aggiunte così da aumentare la possibilità di contare oltre il dieci. Si tratta di uno sviluppo molto comune tra le popolazioni delle isole del Pacifico che porta a diversi totali quando alle dieci dita delle mani e a quelle dei piedi si aggiungano i polsi, i gomiti, le spalle, il petto, le caviglie, le ginocchia e le anche (per un totale di 33) o altre combinazioni delle diverse parti del corpo.

Tornando a totali per noi più consueti, il moderno sistema decimale di origine indiana si basa sul 10, quindi sul 10 × 10 = 100, 10 × 10 × 10 = 1.000, e così via: le nostre dieci dita sono, dicevamo, la ragione di questa scelta. Con alcune eccezioni, una molto interessante tra gli indiani Yuki del Centro America, dove il sistema di riferimento è in «base 8» invece che «10». Eppure contano sempre grazie alle dita: solo che si basano sugli spazi tra di esse, invece che sulle dita stesse. Probabilmente, come altre culture del Sud e del Centro America, usavano tenere dei lacci tra le dita come ausilio al contare[1].

Anche oggi incontriamo modi diversi di contare con le dita. In Gran Bretagna, come in Italia, la gente usa contare cominciando con il chiudere la mano a pugno e poi liberando le dita una a una, a partire dal pollice e finendo con il mignolo prima di iniziare, se necessario, con l'altra mano. Alcune popolazioni in Australia e in Asia cominciano dal mignolo della mano sinistra. In Giappone, al contrario, si parte con la mano aperta e si procede chiudendo le dita a una a una. Si può capire meglio questo metodo nella traduzione letterale delle parole usate dal popolo dei Dene-Dinje, in America, che utilizzano lo stesso principio di chiusura progressiva delle dita. Nella lingua inglese il significato delle parole che si usano per i numeri può tradursi come segue:

1 = si piega la fine (il mignolo è piegato);

2 = di nuovo una piega (ora è piegato l'anulare);

3 = il punto di mezzo è piegato (adesso è il medio a piegarsi);

4 = ne rimane solo uno (ora a piegarsi è l'indice, per cui rimane solo il pollice);

5 = la mano è finita.

Non è inusuale trovare storie curiose, come quella che riportiamo. Durante la Seconda guerra mondiale, una ragazza indiana si trovò a presentare una delle sue amiche orientali a un signore inglese in visita nella sua casa. Il problema era che l'amica era giapponese, e sarebbe stata immediatamente arrestata nel caso si fosse saputo. Così, la ragazza indiana disse al visitatore che la ragazza era cinese. Sospettoso, l'inglese sorprese ambedue chiedendo a quella che gli era stata presentata di contare fino a cinque con le dita. La ragazza indiana rimase a dir poco sbigottita da quella curiosa richiesta – magari spiegabile con il proverbiale inglese *sense of humour*? – mentre, imperturbabile, l'altra distese la mano e cominciò a contare chiudendo un dito alla volta. Trionfante, il signore inglese annunciò: «Non è cinese, è giapponese!». I cinesi contano come gli inglesi, aprendo le dita a una a una. I giapponesi, al contrario, le chiudono a partire dal palmo aperto.

I «contatori-per-due» puri si possono ancora trovare tra i Boscimani africani, in Australia e in Sud America. Ovviamente si tratta di una pratica che in passato era molto più diffusa. Un «contatore-per-due» per i numeri usa parole in una sequenza che, riportata alla nostra simbologia, sarebbe: 1, $1 + 1 = 2$, $2 + 1$, $2 + 2$, $2 + 2 + 1$, $2 + 2 + 2$, e così via fino a $2 + 2 + 2 + 2 + 2$, nel caso voglia contare fino a dieci con le dita. È da notare che la parola «due» gioca un ruolo chiave nella costruzione delle parole che designano i numeri. Non solo, chi conta «per 2» dimostra che il contare non comincia sempre, necessariamente, appoggiandosi alle dita. Una persona che conta con le dita ha una parola per «sei» che si forma a partire dalla parola usata per cinque + uno, non da due + due + due, come si formerebbe tra coloro che contano in base 2. Il modo di contare per 2 era già in uso tra i Sumeri nel 3000 a.C. ma è stato poi sostituito da sistemi con potenzialità di calcolo più elevate. Nell'uso pratico, infatti, la base 2 si rivela troppo piccola per calcolare quantità molto grandi. Ma, come abbiamo già visto, per alcune popolazioni che si basano sul sistema per 2, possono bastare tre parole: uno, due e molti[2].

Osservando questi primitivi e semplici sistemi di numerazione in base 2 capiamo che essi permettono la prima possibile espressione di una formula come 1 + 1 = 2, che rappresenta il primo gradino di una scala di progressione che parte da 1. Non è ancora un sistema aritmetico come lo intendiamo oggi; si tratta semplicemente di un modo di etichettare quantità attraverso un insieme sistematico di parole piuttosto che dando un nome diverso a ogni singola quantità, che è come dire di avere parole che designino uno, due, tre, quattro, cinque ecc. ma senza i simboli dell'aritmetica e le regole che ne permettono la combinazione.

In conclusione, dovremmo tornare alla nostra oramai classica formula, 1 + 1 = 2, e chiederci da dove vengano i simboli. L'1 è un antico contrassegno per indicare la singola quantità, usato in moltissimi sistemi di numerazione in quanto semplice rappresentazione di un dito. Il 2 è un simbolo che deriva dai più antichi sistemi di numerazione indiana. Si è evoluto attraverso molte varianti a partire da un'originaria sovrapposizione di due linee (due «uno» sovrapposti, =) che si sono poi unite a formare una «Z» che gradualmente è diventata un 2 inclinato, ma ci sono molte variazioni regionali e altrettante distorsioni dovute alla differenza e alla velocità della scrittura a mano. Gli altri segni dell'equazione sono il + e l'=. Il segno + è una contrazione della parola latina *et* quando era scritta rapidamente. Il simbolo che noi usiamo è quello della croce greca, piuttosto che quella maltese o latina, che hanno differenti inclinazioni. Se ne comprende l'ovvio legame con il simbolismo del primo cristianesimo.

Il segno – era un'abbreviazione per *m* e m^-, utilizzati ambedue per denotare un *minus* che probabilmente, nell'uso comune tra i mercanti, riguardava la differenza di peso tra la nave da trasporto prima e dopo lo scarico delle merci. Il risultato era denominato *minus* o anche «tara», che è termine ancora oggi largamente in uso. Altre varianti del segno – erano – – o ...., e anche il segno che oggi usiamo per la divisione, ÷. La notazione alternativa, introdotta nel 1651, sono i due puntini in colonna : che ancora oggi usiamo per *ratio* (che infatti sta per «divisione»), così che *A* diviso *B* è espresso da *A* : *B*.

Il segno = fu introdotto nel 1577 dal matematico inglese Robert Recorde, nel suo libro sull'algebra, *The Whetstone of Whit*[3]. Esso rappresenta un paio di linee parallele giacché, scriveva Recorde, «noe two thynges can be moare equalle» (non ci sono due cose che possano essere più uguali). Il suo simbolo, in realtà, era più lungo di quello che attualmente usiamo, corrispondendo infatti a =[4]. Tuttavia, c'è voluto non poco tempo perché la convenzione fosse generalmente adottata. Alcuni matematici preferivano ancora simboli come || o // o)=(invece di =, e questo pur considerando la pressione per l'adozione di un formato simbolico standard che veniva dall'invenzione della stampa a caratteri mobili dopo il 1456. Con buona probabilità si tratta di una forma di scrittura rapida del dittongo *æ*, che a sua volta era un'abbreviazione del latino *æquales*. Di fatto, il simbolo = di Recorde non appare «a stampa» prima del 1618. Ottant'anni più tardi il filosofo francese René Descartes ancora usa il simbolo α, alpha, per significare l'eguaglianza, mentre adopera = per intendere il significato più o meno, ±.

Gli interessi di Recorde erano di amplissimo respiro. Il suo libro *The Urinal of Physick* del 1547, scritto in inglese invece che in latino, è la storia degli studi e delle diagnosi mediche ricavate dall'urina[5]. Quando l'edizione definitiva fu stampata nel 1679, il titolo scelto fu *The Judgement of Urine* (*Il giudizio dell'urina*). Recorde si laureò a Oxford nel 1531 e di conseguenza fu abilitato a praticare la medicina. I suoi interessi erano, indiscutibilmente, di ampio respiro.

La britannica croce di sant'Andrea per il segno della moltiplicazione, ×, appare la prima volta nel 1618 in un volume di John Napier, l'inventore dei logaritmi[6]. Questi simboli sono oggi usati in tutto il mondo, in maniera più universale di qualsiasi linguaggio o alfabeto[7].

Nella tabella 2.1 è possibile osservare i modi in cui la somma 1 + 1 = 2 sarebbe stata scritta negli antichi sistemi di numerazione. Si noti che questi sistemi non avevano i simboli + e =, perciò abbiamo usato le parole per indicare la somma.

TAB. 2.1. *Antiche versioni della somma 1 + 1 = 2 espresse come scritture e numerali (si ricordi che nessuno di questi sistemi possedeva i simboli + e =, che quindi abbiamo omesso)*

Culture antiche	Simboli per 1 + 1 = 2
Egiziano (ieratico)	I e I è II
Sumero[a]	I e I è 4
Babilonese	V e V è VV
Greco	I e I è II
Cinese (scientifico)	| e | è ||
Cinese (tradizionale)	∩ e ∩ è ?
Maya	• e • è ••
Indiano antico (brahmi)	– e – è =
Indiano (hindi)	I e I è II
Nepalese	∩ e ∩ è ?
	1 e 1 è ƨ
Indoarabo	1 e 1 è 2
Peruviano (quipu) nodi nelle corde[b]	
Attico	α e α è β
Ebraico	א e א è ב
Cirillico	a e a è б

Note: [a] 4 è il simbolo per 2; [b] si veda fig. 2.1.

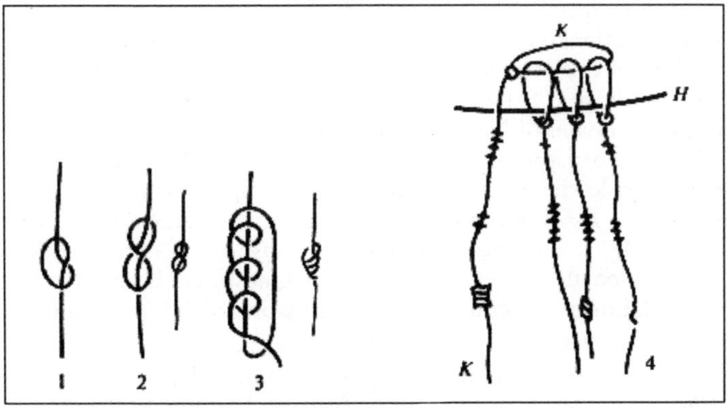

FIG. 2.1. I nodi in quipu peruviano.

Note

[1] Mi è capitato spesso di chiedere a un pubblico di matematici o anche a una audience più generale il perché di una scelta «in base 8». Nessuno ha mai fornito una risposta fino al giorno in cui mi sono trovato in una scuola elementare (con alunni fino a 10 anni) e, posta la stessa domanda, una bimba mi ha dato immediatamente la risposta esatta, aggiungendo che per lei era facile visto che usava normalmente dei lacci tra le dita per giocare a «culla del gatto».

[2] Per una trattazione più in dettaglio degli antichi sistemi di numerazione, si veda tra gli altri il mio *La luna nel pozzo cosmico*, Milano, Adelphi, 1992; una breve panoramica è offerta anche in J.D. Barrow, *Perché il mondo è matematico?*, Roma-Bari, Laterza, 1992 e in G. Flegg (a cura di), *Numbers through the Ages*, London, Macmillan, 1989.

[3] Una pietra bagnata – una *whetstone* – si usa per affilare i coltelli, e l'ingegnosa arguzia del moderno inglese farebbe sì che questo titolo suonasse come «Affila il tuo ingegno».

[4] «No two things can be more equal» (Due cose non possono essere più equivalenti).

[5] R. Recorde, *The Urinal of Physick*, London, Brazen Serpent, 1547.

[6] I logaritmi di Napier permettono di ridurre le moltiplicazioni ad addizioni e le divisioni a sottrazioni. Se vogliamo moltiplicare tra loro A e B esprimeremo le quantità A e B come potenze di 10, quindi: se $A = 10^a$ e $B = 10^b$ allora $A \times B = 10^{a+b} = C$. In altre parole le tavole di Napier ci riportano i valori dell'esponente di 10 (a, b) corrispondente ai valori iniziali A e B. Da qui ricaviamo C usando le stesse tavole nella direzione opposta. Per esempio, se $A = 2$ e $B = 3$ allora con qualche approssimazione $a = 0{,}3010$ e $b = 0{,}4771$, dunque $a + b = 0{,}7781$, così che C corrisponde a $10^{0,7781}$, cioè all'incirca 6, come atteso. Questo era il modo in cui tutti i laboriosi calcoli venivano fatti prima dell'invenzione dei calcolatori meccanici ed elettronici.

[7] Per ulteriori dettagli si può consultare J.D. Barrow, *The Times of the Signs*, in Id., *Cosmic Imagery*, London, Bodley Head, 2008, p. 295; trad. it. *I tempi dei segni*, in *Le immagini della scienza*, Milano, Mondadori, 2009, p. 301.

Capitolo terzo

Cambiando le basi: i bit e l'aritmetica binaria

1 + 1 = 10

Aritmetica binaria

L'aritmetica ha bisogno di fondarsi su «mattoni» che le consentano di non considerare ciascun numero come un'entità distinta. Questi mattoni corrispondono a ciò che chiamiamo «base» in aritmetica. La nostra base è 10 e origina dall'abitudine di contare con le dita. Alcune culture dell'Antichità usavano il 5 o il 20 come base e addirittura, come è stato per i Babilonesi, un'addizionale base 60. Possiamo osservare tracce di questi antichi sistemi in certe parole che ancora utilizziamo per i nostri numeri e in alcuni sistemi alternativi di numerazione che sono usati per scopi specifici. Nella lingua inglese abbiamo quello che si chiama *score*, ovvero un punteggio equivalente a venti (= 20) che proviene dall'abitudine del Tesoro reale di segnare, con delle tacche, entrate e spese su alcuni bastoncini di legno chiamati *tallies*: da qui per altro il doppio significato di *score*, che in inglese sta sia per «tacca» che per «20». Osserviamo anche unità «in base 60» nella divisione del tempo in secondi e minuti, nonché nella misura dell'angolo circolare, 6 × 60 = 360 gradi. Nel loro sistema di numerazione su base decimale i francesi hanno introdotto una nuova parola per 60, «sestante», a indicare il superamento di una soglia dopo l'uso di parole composite che, in francese, arrivava fino a 50.

Oggi tutte le civiltà più sviluppate usano il sistema in base decimale originario dell'India e che da lì si è diffuso grazie alla prevalenza delle lingue indoeuropee che a loro volta hanno incoraggiato i commerci e in generale l'interazione tra India, paesi arabi ed Europa. Quando un paese che usava commerciare in base decimale ne incontrava un altro che si basava su un sistema più laborioso (come quello dei numeri romani) tendeva facilmente ad adottare il primo, riconoscendone l'evidente maggiore semplicità e utilità nei commerci: appunto ciò che successe quando il sistema decimale indiano incontrò quello dei numeri romani ancora usati dai commercianti in Italia.

Il nostro sistema in base 10 significa che quando vediamo un numero come 44, per noi esso è composto di $(4 \times 10) + (4 \times 1)$; quando leggiamo 969 esso ci appare composto come $(9 \times 100) + (6 \times 10) + (9 \times 1)$. Se, invece, contassimo in base 5, quello stesso numero 44 ci apparirebbe come la somma $(4 \times 5) + (4 \times 1)$.

Ci sono tre tipi di sistemi numerici con una base generale che etichettiamo come *B*. Il sistema addizionale usato nell'antico Egitto e in Grecia usa simboli differenti per etichettare quantità derivate da una base come nella stringa che segue:

$$1, 2, 3, \ldots, B-1, B, 2B, 3B, \ldots, B(B-1);$$
$$B^2, 2B^2, 3B^2, \ldots, B^2(B-1), \ldots \text{ ecc.}$$

Il sistema moltiplicativo, usato per esempio dai cinesi, richiede molti meno simboli, in effetti solo quelli per i numeri:

$$1, 2, 3, \ldots, B-1, B, B^2, B^3, \ldots \text{ ecc.}$$

Il terzo tipo di «sistema posizionale» che abbiamo ereditato dalla cultura indiana è ancora più economico. Esso introduce l'idea di un valore di posizionamento del simbolo numerico che, di conseguenza, assume un significato preciso. Consideriamo per esempio il segno «111» che per i Romani significava «tre», mentre noi lo leggiamo come «centoundici». In qualche modo questo sistema ha bisogno di segnalare come si possa assumere il significato dello spazio tra «1 1» interpretandolo come «centouno», in modo da distinguerlo dall'«11» che noi siamo pronti a leggere immediatamente «undici». Sia i Babilonesi, che i Maya e gli Indiani compresero che per il valore di posizionamento c'era bisogno di un simbolo che desse significato allo spazio vuoto tra «1 1» e anche così da evitare che il caso di una scrittura sbrigativa facesse perdere per strada lo spazio vuoto tra i due «uno». È così che è stato «inventato» lo 0[1], per riempire quel vuoto che, nel sistema di numerazione indiana, ci permette di leggere «101» come «centouno». In questa maniera, con l'aggiunta dello zero, gli unici simboli di cui abbiamo bisogno in questo sistema sono

$$0, 1, 2, 3, \ldots, B-1.$$

Così ogni numero può essere scritto come

$$N = a_n B^n + a_{n-1} B^{n-1} + a_{n-2} B^{n-2} + \ldots + a_2 B^2 + a_1 B + a_0$$

E lo scriviamo nei termini della stringa composta dagli *a*

$$N = a_n a_{n-1} a_{n-2} \ldots a_2 a_1 a_0.$$

Un esempio di questo sistema è dato dal numero 1.204 che noi leggiamo «milleduecentoquattro». La nostra base B è 10, l'indice che ci dà il numero d'entrata è $n = 3$, e $N = 1.204$ è espresso (ricordando che $10^0 = 1$) come

$$1.204 = \mathbf{1} \times 10^3 + \mathbf{2} \times 10^2 + \mathbf{0} \times 10 + \mathbf{4} \times 1$$

dove gli *a* sono in grassetto e noi scriviamo i numeri semplicemente come stringhe di *a*

1.204.

Le potenze di 10 che moltiplicano ogni termine sono presenti implicitamente e la posizione dei simboli è adesso molto importante: 1.204 non è la stessa cosa di 1.024 o di 4.201.

I primi sistemi aritmetici sono stati sviluppati dai Sumeri, nel sud dell'Impero babilonese (attuale Iraq), e dagli Egizi. I sistemi di questi ultimi illustrano chiaramente come funzionava l'addizione. I simboli nei loro geroglifici, che facevano già riferimento alle potenze di 10, erano i seguenti (che accompagniamo in parentesi con la loro espressione moderna). C'era anzitutto una sbarra 1 con cui comporre

1 (1), 11 (2), 111 (3), 1111 (4),
11111 (5), ..., 111111111 (9),

poi un cuneo ∩ (per 10), 𓍢 (per 100), e a seguire quelli per 1.000, 10.000, 100.000 e 1.000.000. In questo modo, per esempio, 84 si scrive ∩∩∩∩∩∩∩∩1111 e 67 invece ∩∩∩∩∩∩1111111. Un'addizione come 1 + 1 = 2 sarebbe diventata un semplice 1 e 1 uguale a 11. Sommare 84 a 67 corrisponderebbe invece a prendere i due blocchi precedenti

∩∩∩∩∩∩∩∩1111,
∩∩∩∩∩∩1111111,

ricavandone ∩∩∩∩∩∩∩∩∩∩∩∩∩∩11111111111 (14 cunei e 11 sbarre), poi ∩∩∩∩∩∩∩∩∩∩∩∩∩∩∩1 (un cuneo in più al posto di 10 sbarre) e in definitiva 𓍢∩∩∩∩∩1, cioè 151.

Oggi, nonostante il sistema in base 10 rappresenti lo standard per tutti i lavori scientifici, è possibile lavorare anche con un altro sistema, utile per scopi molto precisi. Stiamo parlando del sistema binario (in base 2) che è universalmente usato nella *computer science*. Le cifre 0 e 1 che vi appaiono sono chiamate bit (abbreviazione per *binary digit*)[2].

In questa base, che è fatta di soli due simboli, 0 e 1, noi abbiamo quattro addizioni fondamentali:

$$
\begin{aligned}
0 + 0 &= 0,\\
0 + 1 &= 1,\\
1 + 0 &= 1,\\
1 + 1 &= 10.
\end{aligned}
$$

In quest'ultimo caso con 1 + 1 la somma delle cifre eccede 1, che è l'ultima cifra a disposizione. Procediamo allora come quando calcoliamo 9 + 4 in base 10. Lì facciamo riferimento alle potenze 1, 10, 100, … di 10 e le cifre a disposizione vanno da 0 a 9; la somma precedente diventa allora $13 = 1 \times 10 + 3$, cioè una decina e 3 unità. In base 2, quando le cifre a disposizione sono soltanto 0, 1 e si fa riferimento alle potenze 1, 2, 4, … di 2, 1 + 1 diviene 10, in quanto si decompone come $1 \times 2 + 0$. Si potrebbe così sostenere che 1 + 1 non è uguale a 2, ma solo perché 2 non c'è più come cifra e si rappresenta come 10.

Allo stesso modo 3, 4, 5, 6, 7, … si scrivono 11, 100, 101, 110, 111 e così via.

In aritmetica, per ogni base B più grande di 2, la formula

$$1 + 1 = 2$$

ancora tiene. Così, riassumendo in funzione delle differenti basi, si ha la formula

$$
\begin{aligned}
1 + 1 &= 10 \quad \text{per } B = 2,\\
1 + 1 &= 2 \quad \text{per } B > 2.
\end{aligned}
$$

Anche per la moltiplicazione abbiamo quattro casi:

$$0 \times 0 = 0,$$
$$1 \times 0 = 0,$$
$$0 \times 1 = 0,$$
$$1 \times 1 = 1.$$

Portare avanti una lunga divisione o una moltiplicazione è piuttosto laborioso. Proviamo nel caso di 26 × 12, che diventa 11.010 × 1.100. La risposta è 312 = 100.111.000, un risultato apparentemente complicato, che però al computer arriva in un istante. Del resto un calcolatore fornisce rapidamente anche la rappresentazione in base 2: per ottenere quella di 3 basta digitare il tasto 3 per registrare 11 nel codice binario. Digitando 240 la traduzione interna alla macchina fornirà 11110000 che è appunto la corrispondente espansione binaria: infatti 240, come somma di potenze di 2, si esprime come $128 + 64 + 32 + 16 = 1 \times 2^7 + 1 \times 2^6 + 1 \times 2^5 + 1 \times 2^4 + 0 \times 2^3 + 0 \times 2^2 + 0 \times 2^1 + 0 \times 2^0$. Così pure per 312.

L'uso moderno del bit è strettamente legato alla elementare abilità di distinguere tra due scelte (binarie, appunto): SÌ/NO, ON/OFF, o VERO/FALSO nel computer digitale. Tipicamente, 1 è VERO, mentre 0 sta per FALSO. Due posizioni di un interruttore elettrico faciliteranno il compito assegnando un diverso voltaggio alle due scelte.

L'invenzione di questa moderna aritmetica binaria è comunemente attribuita al matematico e filosofo tedesco Gottfried Leibniz, rivale e contemporaneo di Isaac Newton, nel 1679. Tuttavia, era stata creata e già utilizzata quasi cento anni prima dal dimenticato scienziato inglese Thomas Hariot[3]. In effetti Leibniz concepì la grande idea di convertire tutte le affermazioni verbali nell'aritmetica, così che le conseguenze di ogni specifica assunzione potessero funzionare e determinarsi in maniera automatica. Con non poca ambizione, egli immaginò che ogni disputa, politica, religiosa e scientifica, potesse essere risolta solo applicando le regole dell'aritmetica alle affermazioni iniziali, trasformando in numeri le parole. Egli immaginò anche che questo potesse succedere in un qualche tipo di macchina, ciò che noi oggi chiameremmo «computer»[4]. Il sistema binario di Leibniz era lo stesso di quello che noi usiamo oggi:

$$
\begin{aligned}
0\ 0\ 0\ 1 &\text{ ha valore } 2^0 = 1,\\
0\ 0\ 1\ 0 &\text{ ha valore } 2^1 = 2,\\
0\ 1\ 0\ 0 &\text{ ha valore } 2^2 = 4,\\
1\ 0\ 0\ 0 &\text{ ha valore } 2^3 = 8,
\end{aligned}
$$

e così via.

Da acuto sinologo quale era, Leibniz fu ispirato dagli esagrammi del testo cinese *I Ching*, che corrispondevano ai numeri binari da 0 a 111111.

Un uso molto importante del codice binario si riscontra nel Braille, il linguaggio tattile sviluppato da Louis Braille tra il 1829 e il 1837, usato dalle persone non vedenti (anche se, almeno nel Regno Unito, attualmente risulta utilizzato solo dall'1% dei soggetti registrati come ciechi). Di fatto la si può considerare come la prima forma di scrittura binaria. Le normali e attuali scritture basate sulle lingue indoeuropee usano 26 lettere dell'alfabeto fenicio, mentre il Braille ne usa solo due: punti e punti in rilievo.

Un altro sistema binario di comunicazione e numerazione, con soli due simboli (punti e spazi), è il codice Morse, inventato dall'artista americano Samuel Morse nel 1837. Egli codificò l'alfabeto fenicio, il sistema di punteggiatura e aggiunse alcuni simboli ulteriori rispetto ai dieci numerali (0, 1,..., 9) con un modello di punti e spazi. Naturalmente l'alfabeto Morse fu creato con l'idea di essere utilizzato per qualsiasi altra lingua oltre l'inglese. Il primo sistema prevedeva la comunicazione attraverso impulsi elettrici, ma già nel 1844 l'uso della corrente elettrica permetteva ai messaggi di essere stampati con indentazioni sulla carta, così da poter essere letti anche da persone non vedenti.

Una cosa piuttosto difficile da trattare con l'aritmetica binaria sono le frazioni. Nel nostro sistema decimale abbiamo confidenza con frazioni del tipo 1/3, 3/10 o 2/10. Quest'ultima in verità si semplifica, perché ha un denominatore divisibile per 2, anzi uguale a 2 × 5, e quindi si riduce a 2/2 × 5 = 1/5.

Esprimere queste frazioni in base 2 è semplice: 1/3 e le altre diventano 1/11, 11/111, 11/1.010, 10/1.010, che poi coincide con 1/101. È anche vero che con queste rappresentazioni abbiamo minore dimestichezza.

C'è poi un'espansione delle frazioni in base 2, analoga a quella che chiamiamo decimale. In quest'ultima si fa ricorso alle potenze di 10 e ai loro inversi, cioè a 1/10, 1/100 e via dicendo. Così una frazione come 2/10, cioè 1/5, si scrive 2 × 1/10 ed equivale, come sappiamo, a 0,2. Allo stesso modo 3/10 è 3 × 1/10, cioè 0,3. Quanto a 1/3 l'usuale divisione di

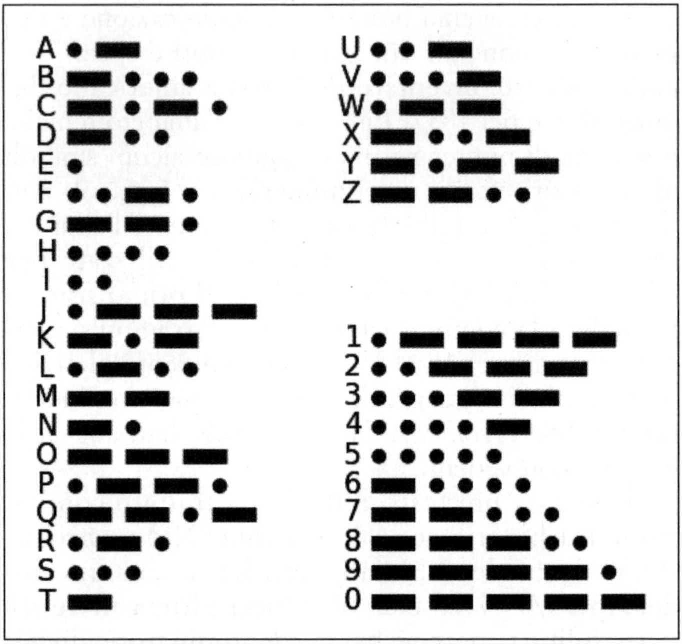

FIG. 3.1. Codice Morse internazionale.

1 per 3 ce la presenta come 0,3333… cioè come 3 × 1/10 + 3 × 1/100 + 3 × 1/1.000 + … ecc., dunque in forma decimale infinita e periodica.

Lo stesso accade in base 2, dove però dobbiamo fare riferimento alle potenze non di 10, ma di 2. Così

• 1/5, ovvero 0,2 in base 10, si scrive 1/8 + 1/16 + 1/128 + 1/256 + …, in dettaglio 0 × 1/2 + 0 × 1/4 + 1 × 1/8 + 1 × 1/16 + 0 × 1/32 + 0 × 1/64 + 1 × 1/128 + 1 × 1/256 + …, che fornisce l'espressione 0,00110011…,

• 1/3, ovvero 0,333… in base 10, diventa 1/4 + 1/16 + 1/64 + …, cioè 0 × 1/2 + 1 × 1/4 + 0 ×

1/8 + 1 × 1/16 + 0 × 1/32 + 1 × 1/64 + 0 × 1/128 + 1 × 1/256 + ..., cioè ancora 0,01010101...,

- 1/2 è più semplicemente 0,1, in quanto 1 × 1/2.

Tutto questo richiede conti più difficili o meno familiari, ma produce ancora espressioni che sono o finite, oppure infinite e periodiche.

In anni recenti, a partire dalla sua introduzione da parte di Benjamin Schumacher nel 1995, il termine *qubit* è entrato a far parte del vocabolario della scienza. Così come il bit è la fondamentale (e più piccola) unità di misura dell'informazione, il *qubit* è la più piccola unità di informazione quantistica. Il nostro *binary digit*, il bit, equivale a 0 o a 1, ed è usato per indicare l'unità di base dell'informazione. Ma questo vale se abbiamo in mente un computer che vive nel mondo della fisica classica, quindi «non quantistico». Nella meccanica quantistica, il contenuto di informazione di uno stato del mondo può essere espresso come una combinazione pesata di 0 e di 1 – uno stato misto –, non come un semplice «0 o 1»[5]. La situazione ha ispirato il classico paradosso del gatto di Erwin Schrödinger. Questi immaginò un gatto in una stanza dove una transizione quantistica a livello subatomico può sprigionare, o meno, una dose mortale di veleno. Conseguentemente, pensando al risultato dal punto di vista quantistico, il gatto può essere sia morto che vivo con una certa probabilità e quindi venire considerato come una combinazione dei due stati «vivo» e «morto». In termini di fisica classica (e di buon senso, ricordiamoci sempre che parliamo di una metafora) il gatto o è morto (0) o è vivo (1).

Nella meccanica quantistica può insomma esistere un numero illimitato di stati misti di condizioni di vita e di morte! Questa caratteristica della teoria quantistica equivale alla nozione per cui, quando uno stato cambia in un altro, non lo fa seguendo un solo possibile sviluppo evolutivo, così come farebbe una pietra che segua la sua traiettoria parabolica nell'aria. Nella dimensione quantistica quella pietra segue tutti i possibili percorsi che potrebbe prendere. Alcuni di questi sono come le creste delle onde, mentre altri sono come valli. Quando si aggiungono gli uni agli altri, molti di questi percorsi si annullano, abbandonando la classica e familiare parabola come l'esito più probabile. Diventano onde di informazione. Le possiamo immaginare come l'analogo delle onde di criminalità (se un'onda di criminalità interessa il tuo quartiere, ne consegue che un possibile atto criminale si determinerà più facilmente) più che come onde del mare. I ricercatori che lavorano allo sviluppo dei computer quantistici sperano di creare un nuovo tipo di computer superveloce che si appoggi alle caratteristiche della realtà quantistica così da portare avanti, in maniera simultanea, molti diversi calcoli di pari complessa entità, prima di convergere in un'unica risposta. Essi sperano, altresì, che alcuni calcoli che oggi sono effettivamente non computabili in ragione del tempo che richiedono possano essere in questo modo ridotti a compiti velocemente e praticamente risolvibili, trasformando l'incomputabile in computabile.

Si intravedono possibili sviluppi per il futuro.

Note

[1] Tra i Babilonesi per ragioni di contabilità, tra i Maya per ragioni estetiche – così da evitare buchi grafici nella loro rappresentazione pittoriale dei blocchi di grandi numeri –, mentre per gli Indiani era principalmente un problema di efficacia computazionale.

[2] Il termine «bit» appare a stampa per la prima volta nel 1948, grazie a Claude Shannon, che lo attribuisce però a John W. Tukey, il quale, nel 1947, aveva redatto un rapporto per i Bell Labs, usando bit come abbreviazione per «informazione binaria digitale». Il byte è una diversa unità di informazione digitale che equivale a 8 bit. Il byte è stato proposto come numero minimo di bit necessari per caratterizzare il singolo carattere di un testo. Si tratta della più piccola unità di memoria cui è possibile accedere nella maggior parte delle architetture computeristiche, eventualità che dipende dall'hardware impiegato.

[3] J.W. Shirley, *Binary Enumeration before Leibniz*, in «American Journal of Physics», 8, 452, 1951.

[4] Questo termine originale si applica a una persona che esegue il calcolo manualmente piuttosto che a una macchina calcolatrice.

[5] Per un sistema avente n componenti, una descrizione completa del suo stato nella fisica classica richiede solo n bit, mentre nella fisica quantistica richiede $2^n - 1$ numeri complessi: si veda P. Shor, *Polynomial-Time Algorithms for Prime Factorization and Discrete Logarithms on a Quantum Computer*, in «Siam Journal on Computing», 26, 1484, 1996, https://arxiv.org/abs/quant-ph/9508027.

Capitolo quarto

La definizione dei numeri

Talvolta mi chiedo se un cervello come quello di von Neumann non testimoni l'esistenza di una specie superiore.

Hans Bethe[1]

Alcuni matematici del XIX secolo cominciarono a preoccuparsi molto seriamente dei fondamenti della matematica e della necessità di dimostrare tutte quelle affermazioni che avevano dato semplicemente per scontate, in quanto sembravano ovvie. Una simile preoccupazione, benché insopportabilmente pedante sotto vari aspetti, trovava la sua giustificazione nel timore che la scoperta di qualche falsità tra queste premesse cagionasse la caduta in contraddizione dell'intera impresa. Infatti, come abbiamo già ricordato nel capitolo primo, un'affermazione falsa dell'aritmetica permetterebbe di dedurre qualsiasi conseguenza: 1 + 1 si dimostrerebbe uguale a qualsiasi risultato. Si tratta di un'antica regola della logica, quella secondo la quale *ex falso quod libet*, ovvero: qualsiasi deduzione può essere dimostrata vera da una falsa premessa.

Una delle ricette di cui ci si servì per evitare questo potenziale collasso della matematica fu il *formalismo*. Si tratta di un'idea semplice. Nel caso dell'aritmetica si possono specificare le regole del «gioco» e i giocatori (l'insieme degli interi non negativi) e muovendo da una coerente posizione di partenza è possibile elaborare tutte le future verità aritmetiche che conseguono dall'applicazione di quelle regole a quei numeri. Tutte le verità dell'aritmetica ci comparirebbero allora davanti come le deduzioni valide ottenute a partire dalle regole del gioco. È la stessa idea che sostiene l'insieme di regole su cui si basa un gioco come quello degli scacchi, laddove ogni pezzo perde di significato al di fuori del gioco nel quale è utilizzato. Muovendo da un punto di partenza conosciuto ci sono alcune configurazioni dei pezzi che non potrebbero mai essere permesse e altre che andrebbero verificate così da essere sicuri che sono il risultato di un numero finito di passaggi a partire dalla configurazione iniziale[2]. La ricetta appariva a tenuta stagna, ed ebbe molto successo con riferimento alla geometria euclidea (con l'aggiunta di alcune regole atte a rimetterla in ordine)[3] ma come vedremo nel capitolo ottavo tra la sorpresa generale si dimostrò essere una falsa aspettativa. Vi erano infatti affermazioni sui numeri che, usando le opportune regole dell'aritmetica, non potevano essere dimostrate né in quanto vere né in quanto false. È come osservare una configurazione di pezzi sulla scacchiera e scoprire che non c'è modo di dire se la si può derivare da certe condizioni iniziali. Un tipo di esperienza che è possibile fare mostrando come non vi sia, sulla scacchiera, una configurazione precedente che possa portare a quella attuale. Chiamiamo questa configurazione «Giardino dell'Eden».

Il matematico che ha dato il contributo più chiaro all'idea di una definizione dei numeri naturali in termini rigorosi fu, nel 1889, l'italiano Giuseppe Peano[4], benché l'approccio di base fosse stato già proposto nel 1884 da Gottlob Frege nei suoi *Fondamenti dell'aritmetica*[5], che però non poterono contare su una vasta circolazione prima della fine del XIX secolo. Anche Richard Dedekind aveva proposto degli assiomi simili nel suo *Cosa sono i numeri e cosa dovrebbero essere* del 1888[6], ma fu Peano, più tardi, a rendere più semplice la sua proposta.

Egli introdusse cinque regole, i cosiddetti postulati di Peano, per definire l'insieme dei numeri naturali e quindi l'aritmetica. L'idea chiave fu di usare un'istruzione chiamata «il successore» che permetteva di passare da ogni numero al suo successore, appunto, per esempio muovendo da 1 a 2, da 2 a 3, e così via. Si mostrava così come un'infinita collezione di quantità (0, 1, 2, 3, ...) potesse generarsi a partire da un numero finito di regole. A partire da 0 come numero iniziale (Peano effettivamente usò l'1, ma non fa differenza giacché 1 si può a sua volta intendere come il successore di 0), i cinque postulati di Peano per definire i numeri naturali sono:

1. zero è un numero naturale;
2. ogni numero naturale ha un successore che è uno dei numeri naturali;
3. zero non è successore di alcun numero naturale;
4. se due numeri naturali hanno lo stesso successore vuol dire che sono lo stesso numero;
5. se un insieme contiene 0 e il successore di ogni suo numero, l'insieme contiene tutti i numeri naturali. Chiamiamo questo «principio di induzione».

Tutti questi assiomi sono indipendenti e quindi necessari.

I primi concetti postulati sono perciò l'elemento zero e l'operazione di successore, che associa a ogni numero quello che immediatamente lo segue. Indichiamo quest'ultima con S. Identifichiamo poi $S(0)$ con 1, $S(1)$ con 2 e così via.

Il principio di induzione consente anche di introdurre le usuali operazioni aritmetiche di addizione e moltiplicazione. Per ogni numero n, definiamo la somma e il prodotto di n per un generico m in modo ricorsivo, prima assumendo che m sia 0 e poi passando da m a $S(m)$.

Aritmetica: consideriamo anzitutto l'addizione e poniamo

$$n + 0 = n,$$
$$n + S(m) = S(n + m).$$

Così da questa definizione si ottiene $n + 1 = n + S(0) = S(n + 0) = S(n)$, dunque l'operazione di successore equivale a sommare 1. Se poniamo poi anche $n = 1$, si è provato $1 + 1 = S(1) = 2$.

Si può andare avanti in modo ricorsivo e con la stessa regola ottenere per ogni n che $n + 2 = n + S(1) = S(n + 1) = S(S(n))$: quindi applicare il successore due volte significa sommare 2.

In generale, per ogni numero naturale m, sommare n con m equivale ad applicare S un numero m di volte: $n + m = S(\dots S(n))$, dove i puntini di sospensione indicano, appunto, che S interviene m volte.

Passiamo alla moltiplicazione. In genere siamo portati a considerarla come una forma ripetuta di addizione: $n \times m$ corrisponde alla somma di n per sé stesso m volte. In questo modo, quando si passa dal prodotto $n \times m$ a $n \times S(m)$, gli addendi uguali a

n aumentano di uno. Affidandoci allora al principio di induzione poniamo

$$n \times 0 = 0,$$
$$n \times S(m) = n \times m + n.$$

C'è un problema però nello schema di Peano, ed è che, formalmente parlando, esso non definisce solo i numeri naturali. I cinque assiomi possono essere usati per descrivere altre stringhe infinite di elementi a due a due distinti. Consideriamo per esempio la sequenza dei numeri pari

$$0, 2, 4, 6, 8, 10, \ldots$$

Si può verificare facilmente che essa continua a soddisfare i postulati di Peano: muove da 0 e poi si sviluppa in successivi gradini e passa dall'uno all'altro aggiungendo 2. Quindi stavolta $S(n) = n + 2$.

Lo stesso si può dire dei numeri dispari 1, 3, 5, 7, ... che partono da 1 e si susseguono aggiungendo ancora 2: $S(n) = n + 2$ anche questa volta.

E non solo, va anche peggio, perché le successioni che possiamo immaginare, capaci di soddisfare in pieno i cinque postulati di Peano, sono un'infinità. La ricetta per costruirle è semplice. Basta avere una sequenza infinita di termini a due a due distinti del tipo

$$N_0, N_1, N_2, N_3, N_4, \ldots$$

i cui oggetti N_n hanno per indici i numeri naturali n: in questo caso l'elemento di partenza è N_0 e il successore di un qualche N_n è N_{n+1}. Così abbiamo solo bisogno di un termine di partenza e di una funzione che, come il successore, genera i termini successivi, tutti differenti tra loro, nel rispetto delle regole fissate da Peano. Le sequenze che obbediscono ai suoi postulati si possono chiamare «progressioni». Dunque ogni progressione, e non solo quella dei numeri naturali, obbedisce alle cinque leggi di Peano. Ma in verità tutte le progressioni, così come le abbiamo appena descritte, assomigliano ai numeri naturali, salvo avere l'elasticità di confondere il generico elemento N_n col suo indice n. Come si usa dire in matematica col nome tecnico appropriato, tutte le progressioni sono *isomorfe* a quella dei naturali, nel senso che, nella sostanza e al di là dell'apparenza, la ripetono.

Ribadiamo però che lo schema di Peano non definisce unicamente i numeri naturali anche se questi sono una delle progressioni che vengono definite.

Dapprincipio, quando gli assiomi di Peano furono proposti, logici come Bertrand Russell credettero che essi potessero definire in maniera esauriente quello che si intendeva per «numero naturale»[7], mettendo chiaramente da parte il problema della non unicità appena discusso. Altri studiosi, come il matematico francese Henri Poincaré, invece si dimostrarono scettici. Poincaré sottolineò che la definizione di numero potesse essere considerata pienamente soddisfacente solo se gli assiomi fossero stati dimostrati come coerenti. Nel senso che se, per esempio, avessero permesso di dedurre che $1 = 2$ sarebbero stati incoerenti e non utili alla definizione di alcunché.

C'è un indebolimento dell'aritmetica di Peano, che ha il nome di Pa (da *Peano Arithmetic*, appunto) e che la esprime secondo i dettami della cosiddetta logica del primo ordine – l'approccio logico meglio appropriato alla matematica. È snella e scorrevole, ma non sa tradurre per intero la potenza del principio di induzione.

Che gli assiomi di PA fossero effettivamente coerenti e non portassero ad alcuna contraddizione fu provato molto più tardi, nel 1936, dal giovane matematico tedesco Gerhard Gentzen (che trovò poi la morte in un campo di lavoro sovietico a Praga nel 1945). Oggi la quasi totalità dei matematici accetta la validità dei postulati di Peano che derivano tutto a partire da tre sole nozioni: quella di numero naturale, da definire, e quelle di 0 e successore, che vi provvedono.

Ma vi sono alcuni matematici che invece non li accettano. Si chiamano «finitisti» e non considerano come valido alcun ragionamento che abbia a che fare con quantità infinite e con passaggi troppo deduttivi. Per loro, credere nei postulati di Peano vuol dire credere in una collezione infinita di numeri naturali. Si tratta di una posizione che la gran parte dei matematici ritiene pedante. Dopo tutto, come vedremo di seguito, i numeri naturali sono un infinito numerabile – il più piccolo possibile – della specie che Aristotele consentiva e chiamava «infinito potenziale». Esso non ha su di noi il potere di suggestione e influenza di un «infinito attuale» – come il raggiungimento di una temperatura o densità infinite da qualche parte dell'Universo – che Aristotele aveva messo fuori legge insieme al vuoto locale, giacché avrebbero annullato ogni tipo di resistenza e quindi avrebbero permesso al moto di ottenere un'infinita velocità in un tempo finito.

Nella definizione e applicazione della funzione del successore, noi riconosciamo le intuizioni di antiche culture i cui sistemi strumentali di numerazione si basavano sull'aggiunta di 1 a qualsiasi quantità esistente e sulla ripetizione di questa procedura più e più volte, in relazione al grado di evoluzione di quelle culture.

La funzione del successore sembra un concetto naturale per la nostra mente. In qualche modo pare conseguire dall'esistenza della freccia del tempo e dalla nostra esperienza dell'ordine e del principio di causa ed effetto. Noi dividiamo il passato dal futuro e quest'ultimo si muove secondo una successione di cause ed effetti. Una maniera diversa, e interessante, di concepire questo modo dell'esistenza ci è fornito dal racconto di Ted Chiang, *La storia della tua vita*, e da *Arrival*, l'adattamento cinematografico che ne ha tratto Denis Villeneuve nel 2016. Dodici astronavi aliene arrivano sulla Terra in maniera misteriosa (benché con intenzioni assolutamente pacifiche). Una studiosa di linguistica, interpretata da Amy Adams, viene reclutata così da decifrare il loro linguaggio che è strano e atemporale. Si manifesta attraverso degli spruzzi d'inchiostro colorato in un liquido, che si trasformano in esotici schemi a forma di vortice, un po' come accadrebbe a noi se facessimo sgocciolare dell'inchiostro nell'acqua. Louise Banks, il personaggio della linguista, decifra parti del linguaggio e comprende che le menti dietro quella intelligenza avanzata non hanno il senso del tempo. I loro complessi modelli trasmettono l'intera storia in una volta sola. Non funziona come per il nostro sequenziale corso degli eventi. Per loro si tratta di un corso circolare e non lineare. I messaggi che lanciano (che schizzano, si potrebbe dire) includono tanto il nostro futuro quanto il nostro passato, pur essendo semplici a sufficienza da essere parzialmente decodificati. Il racconto presenta una varietà di suggestioni ma l'aspetto linguistico si basa su una famosa ipotesi, quella elaborata nel 1956 dall'antropologo Edward Sapir e dal suo studente, il linguista Benjamin Whorf[8].

L'ipotesi Sapir-Whorf argomenta come il linguaggio non si riduca solo alla modalità della trasmissione, ma determini quali concetti noi possiamo immaginare e comunicare tramite esso (concezione non così popolare tra i linguisti al momento). Non è un assoluto. A sostegno, l'esempio classico è quello degli eschimesi che hanno molte parole per le altrettante, diverse varietà di neve, mentre gli abitanti delle zone più temperate del pianeta ne possono avere una o due (se pure ne hanno qualcuna). La realtà fisica nella quale vivono gli eschimesi si è come impressa nella loro lingua e il loro linguaggio determina alcuni dei confini del modo di pensare. I filosofi dell'antica Grecia erano pensatori profondi ma potevano contare sulla lingua greca classica, che presentava un grado di finezza nel ragionamento che è condizione necessaria per permettere un modo filosofico di pensare, parlare e scrivere molto preciso. A mio modo di vedere *Arrival*, nel contesto della moderna cinematografia, è un film di una certa profondità. È certamente fantascienza che racconta di alieni pacifici e intellettualmente superiori, ma in effetti parla di noi. Non ci sono spettacolari battaglie spaziali e non compaiono strani extraterrestri dalle forme esotiche e bizzarre. Non è né *Star Wars* né *Star Trek*. I militari vengono messi da parte dalla studiosa di linguistica e c'è un messaggio importante alla fine del film che rivela la ragione per cui le navi spaziali sono arrivate e poi, quasi all'improvviso, ripartite, lasciando appena un assaggio di consapevolezza, negli umani, della profonda complessità del loro modello di realtà.

Il valore di questo film sta nella capacità di farci riflettere sul funzionamento della nostra mente e segnatamente su come il cablaggio delle sue funzioni ci porti ad adottare certe immagini del mondo e ad abbracciare certi processi, come quello del contare.

Gli sviluppi della ricerca volta a fornire una descrizione rigorosamente logica dell'aritmetica sono stati significativi sotto molti aspetti. Hanno modificato la nostra prospettiva riguardo ai numeri e al contare. Che non si riducono alla definizione strumentale, utile per contare le uova o le monete. I numeri naturali esistono a prescindere dalle cose che sono numerate, in quanto sistema logico definito a partire dalle sue sole regole, all'opposto dei modi primitivi di contare per uno o per due. Cambiando le regole si possono inventare nuovi sistemi matematici le cui norme di funzionamento non hanno nulla a che fare con qualcosa di esperibile nel mondo. Tutto quello che conta è che le regole siano coerenti e che non portino, grazie a successive deduzioni, a una contraddizione del tipo $1 = 2$. Il termine «esistenza matematica» che si incontra di frequente acquista un nuovo significato. Non vuol dire che noi possiamo trovare esempi di quel sistema matematico nella vita reale. Significa solo che esso è coerente al suo interno: è questo il significato di «esistenza matematica».

Nel Medioevo la matematica, o più precisamente la geometria euclidea, era considerata l'unica possibile descrizione del funzionamento del mondo. La geometria di Euclide descriveva la struttura dei punti, delle linee e delle superfici piane. Si pensava fosse parte della «verità assoluta» delle cose e che potesse essere sventolata davanti agli scettici che proclamavano l'incapacità della mente umana di cogliere la verità ultima, quella discussa nella quotidianità professionale dai teologi e dai filosofi. Ma la scoperta delle geometrie non euclidee nel XIX secolo da parte di Gauss, Bolyai e Riemann, che descrivevano i punti e le linee sulle superfici curve, come quelle della Terra, ha cambiato tutto in maniera profonda[9]. Noi possiamo vedere ora come esistano molte possibili geometrie, tutte definibili come coerenti a partire da diversi insiemi di assiomi. Tutte *esistono* matematicamente nel senso che abbiamo appena definito. In futuro, nuove logiche e nuove matematiche saranno scoperte. Tutto ciò ha determinato una forma di relativismo con riferimento alla matematica. Grandi tomi di fisica matematica con titoli come *La teoria delle onde* sono stati rimpiazzati da nuove e altrettanto imponenti trattazioni dal titolo *I modelli matematici delle onde in movimento*. E questo perché non era disponibile un'unica teoria matematica delle onde ma si potevano usare pezzi di una matematica già esistente, o crearne una nuova, per venire a capo dei differenti aspetti relativi ai complicati moti delle onde.

Andando più a fondo osserviamo un distacco dalle idee dell'Antichità, quelle che assegnavano significati intrinseci ai numeri, come il 13 che portava sfortuna o il 7 che era, invece, segno di buona sorte. Questa era la base per la tradizionale numerologia, un'idea tuttora di moda in alcuni circoli, una reliquia della mentalità pitagorica. Essa lasciava credere, per esempio, che ogni 7 condividesse un significato, indipendentemente dall'oggetto al quale era attribuito. I matematici moderni che sono cresciuti all'ombra del lavoro di Peano non attribuiscono alcun significato ai numeri, ai punti o alle linee per sé stesse, ma solo alle relazioni tra loro. In questo senso si intende che la matematica in quanto studio delle relazioni dei modelli che esistono nel mondo naturale rappresenta l'oggetto della matematica applicata e della fisica matematica, mentre la coerenza e l'esplorazione dei modelli in sé formano il contenuto d'indagine della matematica pura.

Note

[1] Citato da «Life Magazine», 1957, p. 89. Von Neumann era leggendario per le sue impressionanti capacità mentali e per la velocità del pensiero: la sua abilità nel calcolo matematico istantaneo, l'immediatezza della memoria, anche quella fotografica, la prontezza con la quale traduceva tra diverse lingue. Si disse che lavorare con lui era come inseguire, in sella a una bicicletta, una macchina da corsa. Il suo compagno di scuola, il Nobel per la fisica Eugene Wigner, una volta affermò: «se uno ascolta von Neumann si rende conto di come il cervello dovrebbe funzionare». Von Neumann ha dato contributi fondamentali in molte aree della logica, all'architettura dei computer, alla matematica, alla fisica quantistica, all'idrodinamica della fisica nucleare, alla propagazione delle onde d'urto, alla teoria dei giochi, alla statistica e all'economia; fu anche consigliere scientifico del governo degli Stati Uniti fino alla sua morte, sopravvenuta alla giovane età di 53 anni, fonte di infinito rammarico.

[2] Un teorema che può essere provato nel caso degli scacchi. Per esempio: se il bianco ha Re e Regina mentre il nero ha solo il Re, il bianco non può fare scacco matto al nero.

[3] Per esempio: se i punti *A*, *B*, *C* e *D* stanno su una linea retta, *B* tra *A* e *C* e *C* tra *B* e *D*, ne consegue che è impossibile *provare* che *B* sta tra *A* e *D* a partire dagli assiomi originali di Euclide.

[4] H.C. Kennedy, *Peano. Life and Works of Giuseppe Peano*, Dordrecht, Springer, 1980.

[5] G. Frege, *The Foundations of Arithmetic: A Logico-Mathematical Enquiry into the Concept of Number*, a cura di J.L. Austin, Oxford, Blackwell, II ed. aggiornata, 1974; trad. it. parziale *I principi dell'aritmetica*, in *Logica e aritmetica*, a cura di C. Mangione, Torino, Boringhieri, 1965.

[6] R. Dedekind, *Was sind und was sollen die Zahlen?*, Braunschweig, Vieweg, 1888; trad. it. *Scritti sui fondamenti della matematica*, a cura di F. Gana, Napoli, Bibliopolis, 1983.

[7] Russell fu un grande ammiratore di Peano e alla notizia della sua morte scrisse a Sylvia Pankhurst, ricordando l'occasione del loro primo incontro. «È stato un uomo che ho molto ammirato dal momento che l'ho incontrato la prima volta, nel 1900, al Congresso di Filosofia, che egli dominò dall'alto della precisione della sua mente».

[8] La *Linguistic Relativity Hypothesis*, anche conosciuta come ipotesi Sapir-Whorf, fu proposta dall'antropologo e linguista americano E. Sapir nell'articolo *The Status of Linguistics as a Science* (1956), e poi sviluppata da B.L. Whorf nell'articolo *Science and Linguistics*. L'unico libro nel senso tradizionale e ristretto del termine, scritto da Edward Sapir nel 1921: *Language. An introduction to the Study of Speech* è consultabile nella traduzione italiana a cura di Paolo Valesio, con il titolo *Il linguaggio. Introduzione alla linguistica*, Torino, Einaudi, 1969.

[9] Matematici e filosofi hanno combattuto con l'idea che potessero esistere geometrie non euclidee laddove per i navigatori e gli artisti dev'essere sembrato ovvio. Il *Ritratto dei coniugi Arnolfini*, il quadro a olio del Maestro olandese Jan van Eyck del 1434, è un classico esempio di scena riflessa in uno specchio convesso. Un approccio che non sembra essere mai stato sperimentato è quello di immaginare tutte le regole e le possibilità della geometria euclidea, come il teorema di Pitagora, disegnate su una pagina

piana. Ora guardiamo alla loro immagine riflessa in uno specchio curvo. Tutte le relazioni, ovviamente, si mantengono e si osserva una corrispondenza 1-1 tra i punti della geometria piana e quelli nello specchio curvo in virtù delle leggi di riflessione di quest'ultimo, grazie a Fermat e ad altri delle cui lezioni di fisica abbiamo imparato a scuola. Per questa ragione ci devono essere basi assiomatiche coerenti per la geometria delle superfici curve. Ci deve essere la trasformazione di queste nelle superfici piane secondo il dettato della legge di Fermat (1660) sulla riflessione degli specchi curvi (si guardi anche a J.D. Barrow, *La luna nel pozzo cosmico*, Milano, Adelphi, 1994). Specchi curvi fatti di vetro o di metallo lucido sono stati usati a lungo e specchi concavi sono stati utilizzati per osservare oggetti distanti.

Capitolo quinto

Sommando insiemi e altre cose

A set is a set
(you bet, you bet)
And nothing could not be a set,
you bet!
That is, my pet
Until you've met
My very special set.

Bruce Reznick[1]

Gli sviluppi di un approccio più formale alla matematica pura, concependo ogni parte di essa come un gioco con delle regole che ne governano le deduzioni da alcune assunzioni di partenza ben definite (gli assiomi), portano a considerare i numeri dalla prospettiva di insiemi di oggetti. Questa prospettiva fu introdotta da Georg Cantor nel 1874 in relazione all'aritmetica transfinita o delle quantità infinite, argomento di cui ci occuperemo nel capitolo settimo. Da un punto di vista informale, un insieme è una collezione di cose, che può includere oggetti matematici come i numeri, oggetti non matematici come le teiere, o anche altri insiemi. Quindi l'insieme {1, 2, 4, 7, 9} contiene l'insieme {1, 2, 9} come sottoinsieme ma non l'insieme {1, 2, 3}. Con gli insiemi si possono fare varie operazioni.

L'*unione* di due (o più) insiemi, A e B, indicata dal segno $A \cup B$, è l'insieme che contiene tutti i membri di A e di B. Così, se $A = \{a, b, c\}$ e $B = \{3, 4, 5, a, b\}$ allora $A \cup B = \{a, b, c, 3, 4, 5\}$.

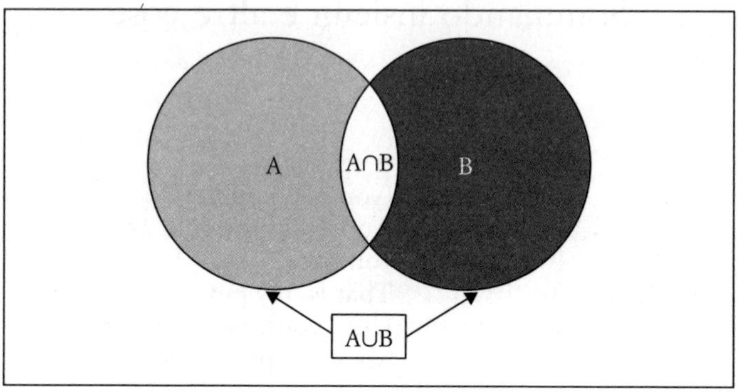

FIG. 5.1. L'unione e l'intersezione degli insiemi *A* e *B*.

L'*intersezione* dei due insiemi è indicata da $A \cap B$ e contiene i membri in comune di *A* e di *B* così che $A \cap B = \{a, b\}$ nel nostro esempio precedente di *A* e *B*.

L'*insieme vuoto* non contiene alcun membro ed è indicato da { }[2] o $\varnothing$. Si tratta di un sottoinsieme di ogni insieme.

L'*insieme differenza* $A \backslash B$ è l'insieme di tutti i membri di *A* che non sono membri di *B*, così nel nostro esempio $A \backslash B = \{c\}$.

Il *prodotto* degli insiemi *A* e *B*, indicato da $A \times B$, è l'insieme di tutte le coppie ordinate composte da un elemento di *A* con uno di *B*, così se $A = \{1, 2\}$ e $B = \{a, b\}$ allora $A \times B = \{(1, a), (1, b), (2, a), (2, b)\}$.

Un altro concetto interessante è quello di *insieme potenza*, $P(A)$ dell'insieme *A*. Esso contiene tutti i sottoinsiemi di *A*. Se $A = \{1, 2\}$, $P(A)$ è

$$\{\{\ \}, \{1\}, \{2\}, \{1, 2\}\},$$

dove includiamo sempre l'insieme vuoto { } e l'intero *A*, nel nostro caso {1, 2}. L'insieme potenza di un insieme con *N* elementi conterrà quindi 2^N elementi e così crescerà molto velocemente in ragione dell'incremento del numero *N* di membri di un insieme.

C'è un curioso aspetto «umano» che riguarda gli insiemi. In qualche enorme raccolta di dati possono nascondersi molti sottoinsiemi di punti che potrebbero essere scelti in base ad alcune proprietà condivise, o fare parte di una forma o di una tendenza dei dati. In che senso questi sottoinsiemi esisterebbero, o in che senso esiste ogni insieme, se le loro parti in comune non sono state riconosciute ed estratte da un osservatore esterno? Cantor pensava gli insiemi come esistenti, che fossero riconosciuti o meno. Ciò implica una suggestione interessante, come se dovessimo pensare il *David* di Michelangelo in quanto *esistente* in ogni blocco di marmo.

In pratica, ci sono limiti a quali collezioni possano essere considerate come insiemi. L'esempio più noto è quello dell'«insieme degli insiemi» che non è un insieme[3]. Se lo fosse, condurrebbe a un'incongruenza. In questo consiste il famoso paradosso di Russell, che si chiede in verità se un insieme possa appartenere a sé stesso – l'insieme di tutti gli insiemi lo potrebbe – e lo esclude, pena una contraddizione. Una versione elementare del paradosso, molto più accessibile, è quella del celebre paese il cui barbiere – un uomo – rade tutti e soltanto gli uomini che non si radono da soli; ci si domanda allora se il barbiere si rade da solo o no. Antico progenitore di entrambi questi enigmi è il *paradosso del mentitore*, in cui si immagina che il protagonista dichiari «Sto mentendo» e ci si domanda se sta mentendo o no. Un'altra versione dello stesso argomento considera la frase «Questa affermazione non è vera».

Il paradosso del mentitore è attribuito al filosofo cretese Epimenide di Cnosso, nella forma «Tutti i Cretesi sono bugiardi» o, appunto, «Io sono un mentitore»: è databile più o meno al 600 a.C. Lo troviamo riferito anche nel Nuovo Testamento, nella lettera di san Paolo a Tito. Naturalmente, nel discuterlo, si deve prestare molta attenzione. Per esempio, affermare genericamente che tutti i Cretesi sono bugiardi non significa necessariamente che ciascuno di loro lo è ogni volta che parla. In questo senso, il paradosso perde tutto il suo potere. Ma l'altra versione «Sto mentendo» è molto più sottile e intricata.

Questi risultati paradossali mostrano che non tutto quello che pensiamo come una collezione di cose è da considerare come un insieme, e che deve essere introdotta una più ampia e meno rigida nozione di *classe* di oggetti. I membri di una classe (che può o meno essere considerata un insieme) molto semplicemente posseggono una proprietà comune, come per esempio avere quattro gambe, o essere un insieme. Precise regole assiomatiche, ispirate dal paradosso di Russell e da altri analoghi ragionamenti, cercano di chiarire quando una classe si può o non si può ritenere un insieme. Per esempio, vietano alla classe di tutti gli insiemi di essere un insieme.

Così si distinguono insiemi puri, che sono insiemi a tutti gli effetti, e classi proprie, che non lo sono. Il paradosso di Russell viene in tal modo superato.

L'insieme vuoto si rivela giocare un ruolo fondamentale nel definire ciò che intendiamo per numero. Nel 1923 il poliedrico matematico John von

Neumann mostrò come fare seguendo l'approccio di Ernst Zermelo al problema suddetto del 1908[4]. Se torniamo a guardare alla nostra definizione di «insieme puro» ci accorgiamo che il più semplice è l'insieme vuoto, ∅, seguito dall'insieme che contiene l'insieme con il solo membro {∅}, e poi dall'insieme che contiene solo l'insieme vuoto unitamente all'insieme che contiene solo l'insieme vuoto, che è {∅, {∅}}. Il seguente è l'insieme che contiene l'insieme vuoto unitamente ai due insiemi che abbiamo dato, cioè {∅, {∅}, {∅, {∅}}}, e così via. Quello che possiamo fare ora è definire i numeri naturali usando questa sequenza di insiemi puri generati che usano solo insiemi vuoti. Pertanto abbiamo l'associazione tra numeri naturali e insiemi generati da quello vuoto:

numero 0 è ∅,
numero 1 = {0} che è {∅},
numero 2 = {0, 1} che è {∅, {∅}},
numero 3 = {0, 1, 2} che è {∅, {∅}, {∅, {∅}}},
numero 4 = {0, 1, 2, 3} che è {∅, {∅}, {∅, {∅}}, {∅, {∅}, {∅, {∅}}}},
e così via.

Così, abbiamo ora un modo di creare ogni cosa dal nulla! L'antico detto di Parmenide che «Nulla può crearsi dal nulla» (*Ex nihilo nihil fit*), lo stesso che fu messo in bocca a Re Lear da Shakespeare come «Dal nulla verrà nulla»[5]. La definizione di Ernst Zermelo che prima ricordavamo persegue la stessa idea usando una costruzione dei numeri naturali appena differente dall'insieme vuoto, in questo modo 0 = ∅, 1 = {∅}, 2 = {{∅}}, 3 = {{{∅}}}, e così via. Mostriamo le costruzioni di von Neumann e di Zermelo nelle figure 5.2 e 5.3.

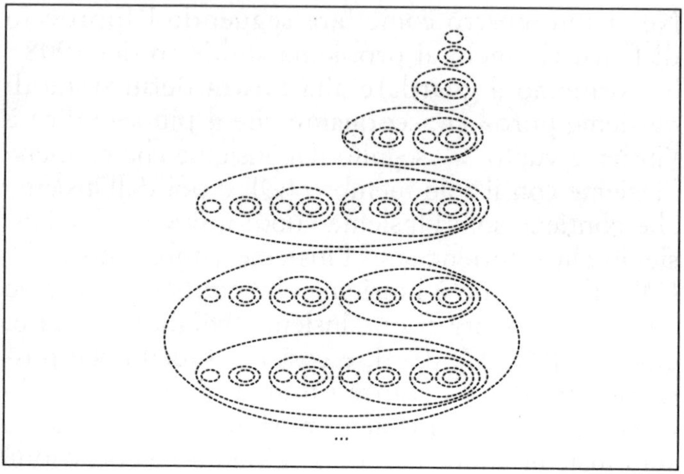

FIG. 5.2. Immagine della costruzione di von Neumann dei numeri naturali, dall'insieme vuoto.

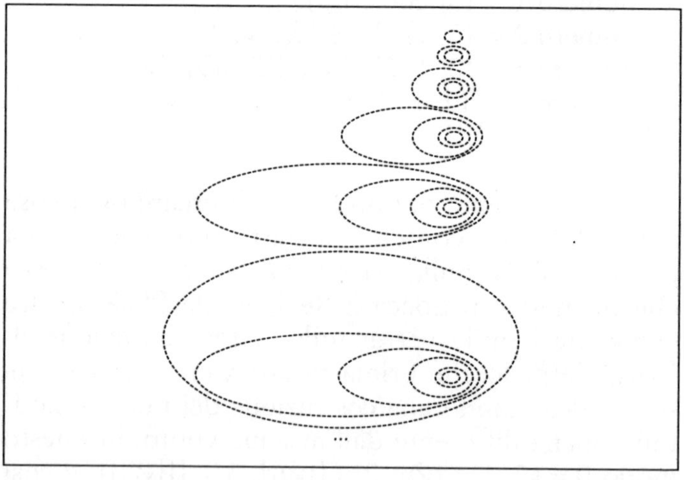

FIG. 5.3. Immagine della costruzione di Zermelo dei numeri naturali, dall'insieme vuoto.

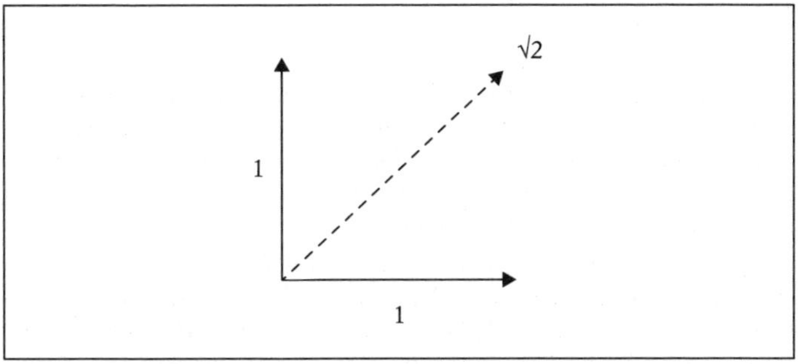

FIG. 5.4. La risultante delle forze che avverti quando sei soggetto a due forze perpendicolari di intensità 1 è uguale a √2, cioè approssimativamente a 1,414, non a 2.

Ci sono molte quantità che, al momento di essere sommate, non rispettano la regola per la quale $1 + 1 = 2$. Supponi che due forze di eguale valore 1 agiscano su di te ad angolo retto. La risultante forza che agisce sul tuo corpo non è uguale a 2. Corrisponde, invece, alla diagonale del triangolo che attraversa le forze in direzione perpendicolare, come mostrato nella figura 5.4.

La forza risultante disegnata dalla linea tratteggiata diagonale agisce a 45° rispetto alle due forze verticale e orizzontale[6]. L'intensità M è data dall'applicazione del teorema di Pitagora al triangolo con ipotenusa M dove

$$M^2 = 1^2 + 1^2 = 2.$$

E così M, la somma delle forze di intensità 1 e 1, equivale alla radice quadrata di 2, che è approssimativamente 1,414.

Note

[1] B. Reznick, *A Set Is a Set*, in «Mathematics Magazine», 66, 2, 1993, p. 95. «Un insieme è un insieme (ci puoi scommettere, ci puoi scommettere). E nulla c'è che non può essere un insieme, ci puoi scommettere! Cioè, cucciolo mio, finché non hai incontrato il mio insieme veramente speciale».

[2] Lo straordinario matematico André Weil (per altro fratello della famosa filosofa Simone Weil) scrive di aver introdotto questo simbolo derivandolo dall'alfabeto norvegese. Si veda l'autobiografia di André Weil, *The Apprenticeship of a Mathematician*, Basel-Boston-Berlin, Birkhauser Verlag, 1992, p. 114; trad. it. *Ricordi di apprendistato. Vita di un matematico*, Milano, Castelvecchi, 2013.

[3] Quando Bertrand Russell inviò questo esempio (noto, appunto, come il paradosso di Russell) a Frege, il risultato fu che Frege abbandonò il suo progetto di fondare l'aritmetica soltanto sulla logica.

[4] J. von Neumann, *Zur Einführung der transfiniten Zahlen, Acta litterarum ac scientiarum Regiae Universitatis Hungaricae Francisco-Josephinae*, in «Sectio scientiarum mathematicarum», 1, 1923, pp. 199-208; trad. ingl. *From Frege to Gödel: A Source Book in Mathematical Logic, 1879-1931*, a cura di J. van Heijenoort, III ed., Cambridge, Mass., Harvard University Press, pp. 346-354.

[5] W. Shakespeare, *Re Lear*, Atto 1, Scena 1. Questo fa parte di una tradizione di paradossi nichilisti molto amati dagli scrittori in questo periodo perché li autorizzano a dire cose che suonerebbero eretiche in prosa, in un contesto sufficientemente ambiguo da permettere loro di argomentare, nel caso fossero sfidati a farlo, come essi stiano effettivamente criticando l'idea. Si veda anche J.D. Barrow, *La grande storia del nulla*, Milano, Mondadori, 2001, per una discussione e alcuni esempi di questa tradizione nichilista in letteratura.

[6] Ciò accade perché stiamo sommando quantità con intensità, direzione e verso. Se le forze agenti su di noi fossero angolate diversamente dalla perpendicolare, il risultato non sarebbe radice di 2.

Capitolo sesto

1 + 1 = 2.
La dimostrazione di Whitehead e Russell

> Quanto è stato importante il lavoro dei logici per rendere l'inglese una lingua attraverso la quale è possibile pensare in maniera chiara e precisa riguardo a qualsiasi argomento. I *Principia Mathematica* sono forse un contributo più rilevante per la nostra lingua che per la matematica.
>
> T.S. Eliot[1]

Bertrand Russell e Alfred North Whitehead erano membri del Trinity College di Cambridge. Whitehead aveva circa dieci anni più di Russell ed era stato il suo tutor. Dopo una serie di lavori più brevi, essi si imbarcarono in un grande progetto, la stesura dei *Principia Mathematica*. L'impresa li avrebbe assorbiti per dieci anni. Di fatto, solo occasionalmente lavorarono insieme, a stretto contatto. Gran parte dell'opera fu scritta tra l'autunno del 1906 e l'autunno del 1909. A quel tempo, Whitehead viveva a Cambridge e Russell, invece, a Oxford[2]. L'opera completa fu pubblicata in tre volumi dalla Cambridge University Press tra il 1910 e il 1913. La battitura manuale di migliaia di pagine di logica matematica risultò proibitivamente costosa (600 sterline) e la pubblicazione fu resa possibile da una sovvenzione della Royal Society che si aggiunse ai contributi personali degli stessi autori. Ne furono stampate solo 750 copie. I volumi dei

Principia furono venduti in quantità esigue e Russell ebbe a sottolineare, una volta, che credeva fosse stata letta solo da sei persone... circa! Il prezzo di copertina del primo volume era di 1 sterlina e 25 centesimi. Recentemente ho dato un'occhiata a un sito web che offre libri rari e ho visto una prima edizione in copertina rigida dei tre volumi a 110.000 dollari!

Whitehead e Russell erano piuttosto determinati a ridurre tutta la matematica alla logica e a dimostrare la sua completezza e coerenza usando l'apparato delle regole deduttive standard della logica. Essi volevano usare il minor numero possibile di assiomi iniziali, nessuno dei quali doveva basarsi sull'osservazione del mondo naturale. Nel corso dell'opera svilupparono numerosi nuovi simbolismi logici e altrettanti passaggi deduttivi. Ma il loro approccio, conosciuto come «logicismo», era destinato al fallimento, nello specifico a causa del lavoro del logico austriaco Kurt Gödel, che incontreremo nel capitolo ottavo.

Nel 1931 Gödel dimostrò, infatti, che nessun sistema logico può essere usato per derivare tutte le verità matematiche se tale sistema è coerente e grande a sufficienza da contenere l'aritmetica.

I *Principia* rappresentano uno straordinario risultato dell'intelletto. Tuttavia, non pochi aspetti di questa presentazione risultano inefficaci, con evidenti ripetizioni e con sviluppi che seguono direzioni risultate poi improduttive. Gli insiemi non sono mai menzionati e chiaramente mancano parti dell'armamentario logico che furono inventate solo più tardi. Come risultato, i volumi di fatto non sono stati molto utilizzati e certamente oggi non sarebbero impiegati per insegnare la logica matematica. Solo gli storici della matematica e della logica sembrano rimanere interessati. Il matematico Godfrey Hardy, collega di Russell al Trinity College, ricorda questa divertente storiella:

> Ricordo bene Bertrand Russell raccontarmi di un bruttissimo sogno. Egli si trovava al piano attico della Biblioteca universitaria, intorno all'anno 2100 dopo Cristo. Un assistente della biblioteca si aggira tra gli scaffali trasportando un enorme cesto, tirando giù dei libri, dandogli una rapida occhiata, quindi rimettendoli nello scaffale o gettandoli nel cesto. Infine si imbatte in tre voluminosi tomi che Russell riconosce come l'ultima copia rimasta dei *Principia Mathematica*. L'assistente tira fuori uno dei volumi, ne gira alcune pagine, per un momento sembra incuriosito da alcuni simbolismi, chiude il volume, lo soppesa e rimane incerto...[3]

Al giorno d'oggi i matematici non sono alla ricerca di una singola logica, o di un insieme di assiomi, da porre alla base di tutta la matematica[4]. Essi sono consapevoli che insiemi differenti di assiomi si possono creare per mettere a posto parti diverse del loro studio: geometrie euclidee o non euclidee, logica a tre valori, teoria dei gruppi e tutte le diverse possibili algebre. Essi hanno spostato l'imperativo assiomatico nell'ambito della computazione, in modo da ottenere programmi coerenti per risolvere compiti specifici («routine» o «applicazioni computazionali»). La coerenza è imprescindibile per ottenere ben definiti insiemi di regole con cui istruire correttamente un computer. Alcuni famosi problemi, come il problema dei quattro colori[5], sono stati risolti all'inizio con l'aiuto dei computer, in ragione del numero enorme di casi particolari che devono essere considerati e controllati così da gestire i controesempi del teorema.

Ma questo non accadeva ai tempi di Russell e Whitehead. Piuttosto, alla metà del XIX secolo, George Boole aveva formulato una logica attraverso procedure algebriche creando così quella che ora chiamiamo «algebra booleana»[6], e Frege, Dedekind e Peano utilizzarono la teoria degli insiemi per definire i numeri e formulare le operazioni di addizione e moltiplicazione in termini di unione e intersezione di insiemi, concetti che avevano una portata più ampia della sola aritmetica[7].

Allo scopo di trasformare le operazioni matematiche in operazioni logiche (essenzialmente in quello che oggi diremmo un programma di computer) non è un caso che Russell, in precedenza, avesse lavorato a una straordinaria biografia di Leibniz, il quale alla fine del XVII secolo aveva cercato di creare una macchina che avrebbe risposto a ogni possibile domanda, che fosse di natura matematica, teologica o politica.

Una delle lezioni che possiamo trarre da questi sviluppi è che i sistemi matematici possono essere definiti in qualunque modo si voglia, a patto che siano coerenti. Non hanno bisogno di un'applicazione al mondo naturale o di qualche motivazione che da questo scaturisca. Li possiamo considerare al pari di giochi liberamente inventati. Ecco un esempio. Supponiamo di avere quattro quantità chiamate John, Pino, Alessia e Jo. Definiamo le regole per moltiplicarle e addizionarle come nelle tabelle 6.1 e 6.2.

La ragione per cui abbiamo introdotto il complesso lavoro di Whitehead e Russell è perché dimo-

TAB. 6.1. *Regole dell'addizione. Per esempio, Pino + Pino = Alessia e Alessia + Jo = Pino*

	John	Pino	Alessia	Jo
John	John	Pino	Alessia	Jo
Pino	Pino	Alessia	Jo	John
Alessia	Alessia	Jo	John	Pino
Jo	Jo	John	Pino	Alessia

TAB. 6.2. *Regole della moltiplicazione. Per esempio, Pino × Pino = Pino e Alessia × Jo = Jo × Alessia = Alessia*

	John	Pino	Alessia	Jo
John	John	John	John	John
Pino	John	Pino	Alessia	Jo
Alessia	John	Alessia	John	Alessia
Jo	John	Jo	Alessia	Pino

stra, a partire dai suoi semplici assiomi, che 1 + 1 = 2. La dimostrazione arriva dopo centinaia di pagine distribuite nei primi due volumi. Naturalmente, molti altri aspetti sono sviluppati e dimostrati in quelle stesse pagine.

Un'impressione del testo dei *Principia* può essere colta osservando la figura 6.1 che mostra la parte sulla prova che 1 + 1 = 2, che ora cercheremo di rendere intellegibile anche ai non addetti.

Russell e Whitehead usano un insieme di simboli e notazioni logiche diversi da quelli che si adoperano oggi. Ma proviamo a tradurre le idee chiave e a vedere come funziona la loro logica. Essi usano punti invece che parentesi per segnalare l'ordine di sviluppo degli insiemi annidati entro insiemi più grandi (una notazione presa da Peano, che questi aveva illustrato direttamente a Russell in occasione di un loro incontro a Parigi). È più semplice quando ci sono

$*54{\cdot}43.\ \vdash :. \alpha, \beta \in 1 . \supset : \alpha \cap \beta = \Lambda . \equiv . \alpha \cup \beta \in 2$

Dem.

$\vdash . *54{\cdot}26 . \supset \vdash :. \alpha = \iota \text{‘} x . \beta = \iota \text{‘} y . \supset : \alpha \cup \beta \in 2 . \equiv . x \neq y .$

$[*51{\cdot}231] \qquad \equiv . \iota \text{‘} x \cap \iota \text{‘} y = \Lambda .$

$[*13{\cdot}12] \qquad \equiv . \alpha \cap \beta = \Lambda \qquad (1)$

$\vdash . (1) . *11{\cdot}11{\cdot}35 . \supset$

$\vdash :. (\exists x, y) . \alpha = \iota \text{‘} x . \beta = \iota \text{‘} y . \supset : \alpha \cup \beta \in 2 . \equiv . \alpha \cap \beta = \Lambda \qquad (2)$

$\vdash . (2) . *11{\cdot}54 . *52{\cdot}1 . \supset \vdash . \text{Prop}$

From this proposition it will follow, when arithmetical addition has been defined, that $1 + 1 = 2$.

$*110{\cdot}643.\ \vdash . 1 +_c 1 = 2$

Dem.

$\vdash . *110{\cdot}632 . *101{\cdot}21{\cdot}28 . \supset$

$\vdash . 1 +_c 1 = \hat{\xi}\{(\exists y) . y \in \xi . \xi - \iota \text{‘} y \in 1\}$

$[*54{\cdot}3] \quad = 2 . \supset \vdash . \text{Prop}$

The above proposition is occasionally useful. It is used at least three times, in $*113{\cdot}66$ and $*120{\cdot}123{\cdot}472$.

FIG. 6.1. Un estratto dai *Principia Mathematica* dove si dimostra che $1 + 1 = 2$.

molte parentesi annidate una dentro l'altra, anche se ci risulta meno familiare. Quindi, invece di

$$((1+3) \times 4) + 6,$$

nei *Principia* troviamo

$$1 + 3 \,.\, \times 4 : 6.$$

Il simbolo :, quello che attualmente leggiamo come «due punti», ci segnala che l'intera formula è isolata in maniera che l'addizione di 6 si applica a tutto l'insieme precedente e dà come risultato 22. Con formule più complicate si possono avere tre o quattro (o più) punti indicati da :., .: o ::, e così via.

Ciò che la prima riga 54.43. nella figura 6.1 cerca di dimostrare è che, se gli insiemi α e β hanno esattamente un elemento, di conseguenza sono disgiunti se e solo se la loro unione ha esattamente due elementi. La dimostrazione, seguendo il termine *Dem.* (come abbreviazione, appunto) e poi la riga 54.26. nella figura 6.1, mostra che se $\alpha = \{x\}$ e $\beta = \{y\}$, allora $\alpha \cup \beta$ ha 2 elementi se e solo se x è differente da y. Quindi la riga 51.231., la quale sostiene che «x è differente da y», è vera se e solo se gli insiemi $\{x\}$ e $\{y\}$ sono disgiunti, e cioè dalla riga 13.12. $\alpha \cap \beta = \Lambda$ (che è l'insieme vuoto $\varnothing$).

Arrivati a questo punto, Whitehead e Russell concludono, con il risultato etichettato (1), che se $\alpha = \{x\}$ e $\beta = \{y\}$ allora $\alpha \cup \beta$ ha 2 elementi se e solo se $\alpha \cap \beta = \Lambda$. Questo teorema è etichettato (2) e prova ciò che si è cercato di dimostrare alla riga 54.43. Essenzialmente esso mostra che 1 + 1 = 2 giacché sappiamo che, se α e β contengono un solo elemento, la loro unione (somma) è dimostrata contenerne 2 nel caso siano disgiunti. Questo passaggio finale è preso da un secondo estratto 110.643. nella figura 6.1. Il calcolo di 1 + 1 richiede di trovare due esempi disgiunti di 1, e di considerare la loro unione; il teorema 54.43. afferma che l'unione deve essere un elemento di 2, indipendentemente da quale esempio prendiamo, così che alla fine 1 + 1 = 2. Gli autori commentano, con tipico inglese *understatement*, che tale risultato, 1 + 1 = 2, è «occasionalmente utile»!

Si tratta di questioni piuttosto complesse sulle quali non andremo avanti. Di fatto Russell si rese conto dell'affaticamento della sua mente, provata dall'intensità di questo lavoro. Né Whitehead né

Russell lavorarono ulteriormente sugli aspetti legati ai fondamenti della matematica.

Note

[1] T.S. Eliot, *Commentary*, in «The Monthly Criterion», n. 6, ottobre 1927, p. 129.

[2] I. Grattan-Guinness, *The Royal Society's Financial Support of the Publication of Whitehead and Russell's «Principia Mathematica»*, in «Notes and Records of the Royal Society of London», 30, 90, 1975.

[3] G.H. Hardy, *A Mathematician's Apology*, Cambridge, Cambridge University Press, 1940, p. 83; trad. it. *Apologia di un matematico*, Torino, Lindau, 2020.

[4] Stephen Wolfram riferisce che, nel 2000, ha eseguito una ricerca computazionale dello spazio di tutti i possibili sistemi di assiomi trovando il sistema più semplice per una proposizione standard della logica. E a partire dal risultato ha potuto giudicare dove sta questa logica tra tutti i possibili sistemi assiomatici formali; in una loro naturale enumerazione secondo grandezza, è all'incirca al 50.000° posto. La maggior parte dei sistemi matematici che usiamo ha bisogno di un sistema più grande di questa «logica di base». Di seguito il link a questo articolo nel blog di Wolfram: https://writings.stephenwolfram.com/2010/11/100-years-since-principia-mathematica/.

[5] Questo problema dimostra che quattro colori sono il numero minimo necessario a colorare gli stati su una carta geografica senza che nazioni confinanti abbiano mai lo stesso colore.

[6] G. Boole, *An Investigation of the Laws of Thought*, London, Walton & Maberly, 1854.

[7] Per i numeri naturali l'addizione corrisponde all'unione disgiunta e la moltiplicazione al prodotto cartesiano. Mentre per l'aritmetica binaria, con i soli 0,1, l'insieme di intersezione corrisponde alla moltiplicazione e l'insieme di unione all'addizione meno la moltiplicazione.

Capitolo settimo

L'aritmetica transfinita

L'infinito trasforma il possibile nell'inevitabile.

Norman Causins[1]

Tra i pensatori dell'Antichità, alcune delle riflessioni più profonde sull'infinito sono riferibili ad Aristotele[2]. Egli distingueva tra due tipi di infinito, potenziale e attuale. L'infinito potenziale è quello, per esempio, dei numeri naturali 1, 2, 3, 4, ..., e così via senza fine, come anche l'infinito al passato della sequenza dei numeri negativi ..., –6, –5, –4, –3, –2, –1, il cui inizio non potremo mai recuperare. Le sequenze sono effettivamente senza fine (e se ne dubitate, provate ad aggiungere 1...): si va avanti all'infinito. Diciamo che questa sequenza «tende all'infinito» perché non lo raggiunge mai. Pure un universo illimitato di spazio è così: abbiamo a che fare con un volume infinito che non potrà mai essere raggiunto. Si tratta, in questi casi, di esempi di infiniti *potenziali*, l'esistenza dei quali non poneva ad Aristotele alcun tipo di difficoltà. Il suo disagio si manifestava, invece, con gli infiniti *attuali*. Si tratta di infiniti in quantità locali misurabili e osservabili, come la temperatura, la luminosità, la densità della materia, la forza o la velocità. Aspetti in grado di influenzarci direttamente e di mettere in discussione alcuni concetti che Aristotele considerava come punti fermi. Egli negava per esempio la possibilità di ottenere un vuoto perfetto localizzato nello spazio, poiché l'esistenza di tale vuoto, non offrendo resistenza al movimento, avrebbe permesso ai corpi di raggiungere una velocità infinita. Al contrario, Aristotele ammetteva l'idea di sequenze temporali infinite nel passato e nel futuro, perché non accettava l'idea di un inizio e di una fine del tempo. Egli pensava che la materia fosse infinitamente divisibile. Per esempio tra due punti distinti ce n'è sempre uno intermedio, come pure tra due numeri reali, o anche tra due frazioni $x < y$, si può sempre inserire la semisomma $(x + y)/2$. Ma, oltre che alla densità, Aristotele pensava pure alla continuità della retta. In questo si opponeva agli atomisti, che al contrario credevano nell'esistenza di unità irriducibili (da qui il nome «atomo»), le più piccole possibili, dalle quali tutte le cose sono fatte.

Quando nel Medioevo la filosofia di Aristotele incontrerà, fondendosi con essa, la teologia della Chiesa cattolica, emergeranno due punti chiave assai critici tra il concetto di infinito e la teologia cattolica. Il primo e più ovvio è che solo Dio è infinito. Ogni pretesa dell'esistenza di altri infiniti – matematici o di diversa natura – rappresentava una sfida alla dottrina e una posizione eretica. Cartesio ebbe a scrivere, con riferimento a questo pregiudizio contro lo studio dell'infinito:

> così, riservando il termine di «infinito» a Dio, e a Dio solo, non solo manchiamo di riconoscere ogni limite, in qualunque caso, ma questa comprensione ci dice positivamente che non ve n'è alcuno[3].

All'opposto, un altro profondo pensatore francese come Blaise Pascal pose grande enfasi sulla realtà di un doppio infinito in Natura: l'infinitamente grande ma anche la rilevanza, di solito trascurata, dell'infinitamente piccolo. Quest'ultimo è ancora più drammatico, perché presente in ogni pezzo di materia, perfino nel palmo di una mano[4].

L'altra minaccia riguardava l'eventualità che gli infiniti potenziali, come la sequenza senza fine dei numeri naturali, rappresentasse una sfida all'onnipotenza di Dio. Può Dio determinare la fine di una serie e rendere divina la natura dell'infinito? Era quello che pensava sant'Agostino. Egli sosteneva che la sapienza di Dio potesse affrontare la sfida dell'infinito:

> c'è chi afferma che nemmeno la preconoscenza di Dio può abbracciare cose che sono infinite. Se gli uomini possono dire questo, ciò che rimane loro è solo di immergersi nelle oscure profondità della blasfemia osando sostenere che Dio non conosce tutti i numeri a causa della loro infinità. È certamente vero che i numeri sono infiniti [...] significa questo che Dio non li conosce tutti in quanto infiniti? Può la conoscenza di Dio estendersi fino a una certa somma e poi fermarsi? Nessuno può essere così pazzo da sostenerlo [...] Mai dubitare, quindi, che ogni numero sia conosciuto [...] ne conseguirebbe che ogni infinito si dà, in modi che non possiamo esprimere, finito agli occhi di Dio, giacché non può andare oltre la sua capacità di conoscere[5].

Problemi come questi, se l'azione di Dio fosse limitata dalle leggi di Natura e dalla logica, si imposero fin dalle prime dispute di epoca medievale. La conclusione fu che Dio poteva fare tutto ciò che era logicamente possibile (in aritmetica, per esempio, non potendo sommare 1 + 1 = 3) e conoscere tutto ciò che poteva essere conosciuto. In questo senso, il numero casuale risultato dal lancio di un dado poteva considerarsi in principio non conoscibile prima del lancio stesso (a meno che uno non potesse avere informazioni dettagliate sulla dinamica del lancio)[6].

Ciò nonostante, l'avversione ad accettare l'infinito in matematica persistette per lungo tempo oltre il Medioevo. Grandi matematici del XIX secolo, come Karl Friederich Gauss, ancora insistevano che gli unici infiniti accettabili fossero quelli potenziali di Aristotele. Non potevano darsi infiniti in fisica, nonché ingannevoli ragionamenti matematici che potessero portare a conclusioni come

$$1 + \infty = \infty = 2 + \infty, \text{ e così } 1 = 2.$$

Un considerevole numero di autorevolissimi matematici era preoccupato che, accettando in matematica l'infinito, si determinasse il crollo della sua intera struttura logica, perché se anche un ragionamento fallace fosse stato consentito in un sistema logico, qualsiasi conseguenza si sarebbe dimostrata come vera. Ciò portò allo sviluppo di un approccio «finitista» alla matematica che poteva ammettere come «veri» solo i teoremi che potevano essere dimostrati attraverso un numero finito di passaggi a partire dagli assiomi iniziali dell'aritmetica. Una prospettiva «costruttivista» di cui parleremo nel capitolo decimo. Questo tipo di definizione di ciò che si può intendere per verità matematica produce una matematica più «piccola», rispetto a quella che è in uso oggi, giacché esclude dimostrazioni non costruttive. Tra queste si intendono dimostrazioni dove si assume che *qualcosa* sia vero, e su quella base si deduce una contraddizione logica, così che quell'iniziale *qualcosa* non può essere vero. O altrimenti si prova che qualcosa deve esistere senza identificarla in maniera specifica e senza mostrare come si costruisce. Questa filosofia ha provocato una profonda frattura nella matematica a causa della forte rappresentanza di molti suoi combattivi sostenitori nella funzione di direttori editoriali di molte riviste e presidenti di varie accademie. Per protesta, all'epoca, interi comitati editoriali si dimisero, denunciando il tentativo di cambiare direzione al significato di «verità matematica», escludendo la pubblicazione di contributi «non costruttivi».

Una vittima di questa faida è stato un matematico tedesco il cui lavoro, ora considerato un classico, ha reso le ricerche sull'infinito un campo di studi rigoroso e affascinante. Fu tale lo stato di depressione di Georg Cantor, alla ricezione negativa dei suoi lavori da parte dei guardiani delle riviste scientifiche, da cedere a un collasso nervoso e lasciare la ricerca matematica per un periodo durante il quale si dedicò alla storia dell'origine dei sistemi di numerazione (si veda il capitolo secondo), sviluppando il suo considerevole talento come disegnatore e artista, e persino approfondendo la controversa questione se Shakespeare fosse effettivamente l'unico autore delle opere a lui attribuite.

Cantor mostrò come definire correttamente un insieme infinito, quindi indicò anche che c'era un'infinita gerarchia di infiniti sempre più grandi, chiarendo in maniera precisa il significato di «grande» in tale contesto. Introdusse poi un'aritmetica delle quantità infinite, quella che oggi chiamiamo «aritmetica transfinita». Come vedremo, questa aritmetica obbedisce a regole differenti dall'aritmetica dei numeri finiti che Peano aveva definito e che noi usiamo tutti i giorni. Per combinazione di infiniti (∞), usando per ora il simbolo ∞ informalmente, la nuova aritmetica prevedrebbe

$$\begin{aligned} \infty + 1 &= \infty, \\ \infty + \infty &= \infty, \\ \infty - 1 &= \infty, \\ \infty \times \infty &= \infty. \end{aligned}$$

Cantor prese spunto da alcune intuizioni di Galileo che aveva osservato una strana caratteristica del contare[7]. Galileo aveva messo in evidenza come la collezione dei numeri naturali 1, 2, 3, 4, 5, ... fosse infinita e così era anche quella dei loro quadrati, 1, 4, 9, 16, 25, ... Così scriveva[8]:

> Infatti, fino a 100 noi abbiamo 10 quadrati, ovvero i quadrati costituiscono una decima parte di tutti i numeri; fino a 1.000, i quadrati sono solo una centesima parte di tutti i numeri; se si arriva al milione i quadrati corrispondono alla millesima parte.

La collezione dei quadrati è sicuramente più piccola dell'intero insieme perché è solo un sottoinsieme della lista di tutti i numeri. Tutto questo non sembra niente altro che senso comune. Tuttavia, Galileo scrive che se mettiamo in relazione gli elementi della prima collezione (tutti i numeri) con quelli della seconda (i quadrati) nel modo seguente:

$$1 \leftrightarrow 1,$$
$$2 \leftrightarrow 4,$$
$$3 \leftrightarrow 9,$$
$$4 \leftrightarrow 16,$$
$$5 \leftrightarrow 25\ldots$$

e così via, associando a ogni intero il suo quadrato, ne consegue che ogni membro della prima collezione di numeri naturali (la colonna di sinistra) corrisponde a uno (e uno solo) membro della collezione dei quadrati (la colonna di destra). Quindi ambedue le colonne devono contenere il medesimo numero di elementi! Galileo comprende che il concetto di infinito crea paradossi ed è meglio lasciarlo da parte perché «noi non possiamo parlare di una quantità infinita come fosse più grande, più piccola o equivalente a un'altra». Ci sono altri semplici esempi con i quali il lettore si può misurare: tutti i numeri naturali pari (2, 4, 6, 8, ...) o tutti quelli dispari (1, 3, 5, 7, ...) possono essere usati al posto dei quadrati sui quali si interrogava Galileo.

Persino il formidabile intelletto di Isaac Newton andò in crisi al cospetto del puzzle dell'infinito. Egli credeva effettivamente che, nel paradosso di Galileo, vi fossero meno «quadrati» dei numeri rispetto ai numeri naturali. Argomentava (scorrettamente, come Galileo aveva mostrato, e Cantor rivelerà chiaramente) che

> siccome c'è un infinito Numero di infinite piccole Parti in un *Inch*, pure ci sono dodici volte tanti numeri di quelle Parti in un Piede, ovvero, l'infinito Numero di quelle Parti in un Piede non è equivalente, ma dodici volte più grande dell'infinito Numero di esse in un *inch*[9].

Nel 1873 Cantor comprese che il tipo di paradosso che aveva imbarazzato Galileo, al punto da ritenerlo ostacolo insormontabile rispetto a qualsiasi tentativo di trattare le collezioni infinite, di fatto non era tale. Gli esempi di Galileo e Newton avevano una caratteristica semplice. Essi presentavano due collezioni (possiamo chiamarle insiemi) che portavano a quel tipo di paradosso perché un insieme conteneva l'altro come un sottoinsieme (ovvero, tutti i numeri naturali contengono i loro quadrati come sottoinsieme). Su questa base si definì infinito un insieme che si poteva mettere in corrispondenza 1-1 con un sottoinsieme proprio, come avviene, in Galileo, tra numeri naturali e rispettivi quadrati. Fu Dedekind, e non Cantor, a proporre questa caratterizzazione. Cantor ne preferì un'altra, chiamando «infinito» un insieme che non si può mettere in corrispondenza 1-1 con $\{1, 2, \ldots, n\}$ per nessun intero positivo n. Sembrano due maniere diverse di dire la stessa cosa: ma la loro equivalenza è tutt'altro che facile da dimostrare.

Cantor si rese conto che questa corrispondenza 1-1 di insiemi con i numeri naturali equivaleva semplicemente a contare i membri di quegli insiemi. Chiamò «cardinalità» il numero, eventualmente infinito, di questi elementi. Per cominciare, definì numerabili quegli insiemi infiniti che potevano essere messi in corrispondenza 1-1 con i numeri naturali e denotò con la lettera ebraica alef, א, accompagnata dal pedice 0 la loro cardinalità. Ma questo fu solo il primo passo di uno spettacolare viaggio intellettuale che avrebbe mostrato l'esistenza di una torre infinita di infiniti sempre più grandi (di cardinalità maggiore). Da un lato Cantor mostrò che l'insieme dei numeri razionali, cioè delle frazioni, è un'infinità numerabile. Il trucco consiste nel capire come contare questi numeri. Ricordiamo che essi si rappresentano in modo unico nella forma p/q dove p e q sono interi primi tra loro, cioè privi di divisori comuni oltre a 1 e –1, e q è positivo. Altrimenti la frazione si semplifica, come nel caso di 2/4 che coincide con 1/2, oppure di 4/2, che vale 2 o, se si preferisce, 2/1. Il metodo di Cantor, che si chiama «diagonale», riordina le frazioni semplificate p/q (o almeno quelle tra loro che sono positive) in base alla somma $p + q$: dunque si comincia con le frazioni in cui $p + q = 2$ (ovvero, la sola 1/1), si prosegue con $p + q = 3$ (dunque con 1/2 e 2/1), poi con $p + q = 4$ (il caso di 1/3 e 3/1, perché 2/2 si semplifica ed è già comparsa con 1/1), $p + q = 5$ (e 1/4, 2/3, 3/2, 4/1) ecc. A condividere la stessa somma $p + q$ c'è solo un numero finito di frazioni. A parità di somma si dà la precedenza a p, cioè si segue l'ordine abituale delle frazioni. Si ottiene così la lista

$$1/1,\ 1/2,\ 2/1,\ 1/3,\ 3/1,\ 1/4,\ 2/3,\ 3/2,\ 4/1,\ \ldots$$

che dispone le frazioni positive allo stesso modo di 1, 2, 3, 4, … quindi in corrispondenza 1-1 con i numeri naturali. Entrambi gli insiemi sono numerabili, con la cardinalità alef con zero. Semplici adattamenti estendono il risultato a tutte le frazioni, anche nulle e negative.

Tuttavia, già nel 1874 Cantor aveva provato che un altro insieme rilevante di numeri, quello dei reali, ha cardinalità diversa dal numerabile. Il suo teorema ebbe conseguenze epocali, tanto più che con gli anni Cantor lo migliorò e scoprì, come già si diceva, non uno, ma infinità di infiniti non numerabili: abissi così vertiginosi da rendere problematica una classificazione.

Nel caso dei reali, Cantor procedette così. Intanto, si osserva che l'intera retta reale ha la stessa cardinalità di un suo segmento anche piccolo, come l'intervallo compreso tra 0 e 1 (estremi esclusi). Chi ha un minimo di confidenza con la trigonometria e col grafico della funzione tangente può facilmente verificarlo. Dunque ci basta escludere che i numeri reali tra 0 e 1 si possano disporre in corrispondenza 1-1 con i numeri naturali. Ora, supponiamo al contrario che una simile corrispondenza esista e che quindi i numeri reali tra 0 e 1 si possano elencare parallelamente a 0, 1, 2, 3, ... Ricordiamoci che i numeri reali hanno una rappresentazione decimale, come per esempio 0,23610984..., e che questa rappresentazione è unica salvo che in casi come 0,24000... = 0,239999...: non ci addentriamo a spiegarne il motivo, ci basta dire che la regola sottostante è che 0,999... è uguale a 1. In ogni caso le cifre 0 e 9 possono provocare qualche confusione e sono segnale di pericolo.

Ammettiamo per semplicità che la lista risultante dei numeri tra 0 e 1 sia la seguente. In realtà non ha alcuna importanza quale essa sia, perché l'argomento si può facilmente generalizzare. Attenzione comunque alle cifre sottolineate, che si spostano verso destra scendendo nell'elenco.

$0 \rightarrow 0{,}\underline{2}3566789\ldots$
$1 \rightarrow 0{,}5\underline{7}560366\ldots$
$2 \rightarrow 0{,}46\underline{3}77521\ldots$
$3 \rightarrow 0{,}846\underline{2}1340\ldots$
$4 \rightarrow 0{,}5621\underline{0}628\ldots$
$5 \rightarrow 0{,}46673\underline{2}30\ldots$

e così via. La sequenza delle cifre sottolineate è 2, 7, 3, 2, 0, 2 e via dicendo. Consideriamo ora un qualsiasi numero tra 0 e 1 che abbia

- la prima cifra decimale diversa da 2, e anche, per evitare confusioni, da 0 e 9,
- la seconda diversa da 7 e poi, per lo stesso motivo di prima, da 0 e 9,
- la terza diversa da 3, 0, 9,
- la quarta da 2, 0, 9,
- la quinta da 0 e 9,
- la sesta da 2, 0, 9,

ecc. Si osservi che ogni volta la scelta esclude al più 3 cifre tra le 10 disponibili e dunque ne lascia almeno 7 a disposizione. Ma un numero così costruito non può apparire in nessun posto della collezione perché è in disaccordo in almeno una cifra con ogni numero che invece vi compare.

Pertanto i numeri reali tra 0 e 1, e di conseguenza tutti i numeri reali, formano un infinito che non è numerabile. Solitamente ci si riferisce a questo infinito col termine «continuo» e si denota la sua cardinalità, per motivi che accenneremo più tardi, con $2^{\aleph_0}$.

Con questo colpo da maestro Cantor mostrò quindi che ci sono infiniti distinti che non si possono mettere in corrispondenza biunivoca tra loro. Si tratta di una delle scoperte più grandi in matematica.

C'è motivo di ritenere che il continuo sia l'infinità più grande che si possa incontrare nelle applicazioni scientifiche. La sua cardinalità è infatti quella dell'insieme dei reali e, si potrebbe dimostrare, pure dell'insieme dei numeri complessi.

Eppure ci sono infiniti ancora più grandi, oggetto della logica matematica: Cantor anzi mostrò, come già si diceva, che, fatte salve le opportune premesse assiomatiche, c'è una torre infinita di infinità distinte. Diciamo «più grandi» proprio a sottolineare che il continuo non è la fine della storia.

Per creare questi infiniti sempre nuovi, Cantor fece riferimento alla cosiddetta «potenza di un insieme», che è l'insieme dei suoi sottoinsiemi. Nell'ambito finito, se un insieme ha N elementi, ne consegue che il suo insieme potenza ne ha 2^N. Per esempio, l'insieme {1, 2, 3} ha come insieme potenza

$$\{\emptyset, \{1\}, \{2\}, \{3\}, \{1, 2\}, \{1, 3\}, \{2, 3\}, \{1, 2, 3\}\}$$

che ha $2^3 = 8$ membri.

Ma la stessa situazione si manifesta all'infinito. Come nuovamente Cantor mostrò, nessun insieme sta in corrispondenza 1-1 col suo insieme delle parti. Per esempio, l'insieme dei numeri naturali è numerabile, ma quello dei suoi sottoinsiemi ha la cardinalità del continuo, la stessa dei numeri reali. Tra l'altro, questa scoperta giustifica il modo in cui il continuo è denotato, come $2^{\aleph_0}$, cioè 2 elevato alla cardinalità dei numeri naturali, in analogia con quanto accade nel caso finito per gli insiemi potenza.

La costruzione si può poi ripetere a oltranza, passando da ogni nuovo insieme potenza così ottenuto al suo insieme potenza, cioè all'insieme dei suoi sottoinsiemi. Le cardinalità così ottenute si rivelano sempre più grandi.

Niente esclude però che altre cardinalità si possano generare, a prescindere dal passaggio all'insieme potenza. Per provare a ordinarle tutte, serve anzitutto un chiarimento del concetto di insieme, magari una sua assiomatizzazione.

Ma al netto di questi chiarimenti fondazionali, Cantor mostrò come, a partire dal numerabile, si sussegue la torre che già si diceva, cioè una scala ascendente di infiniti, ognuno più grande dei precedenti, nessuno in corrispondenza 1-1 con gli altri. Dopo $\aleph_0$ ci sono $\aleph_1$ (il primo che gli sta dietro), $\aleph_2$ e via dicendo[10].

Come che sia, la torre di infiniti di Cantor non ha fine. Al suo culmine, come coronamento dei suoi infiniti gradini, si trova una sorta di infinito assoluto, che si può denotare con la lettera maiuscola omega, Ω. Questo Ω però non appartiene più alla sfera della scienza ma, secondo Cantor, corrisponde in qualche modo all'infinito trascendente di Dio. Cantor, che fu devoto luterano, tenne infatti a distinguere l'infinito superiore della fede dai due ammissibili in matematica: quello improprio o potenziale, che già Aristotele concedeva, e il suo nuovo infinito degli insiemi e delle cardinalità, che chiamò proprio.

L'infinito attuale era distinto da tre relazioni: la prima che si realizzava nella suprema perfezione, nella sua completa indipendenza, nella sua straordinaria esistenza, in Dio, quello che io chiamo l'infinito assoluto o semplicemente l'infinito; la seconda, nella misura in cui esso è rap-

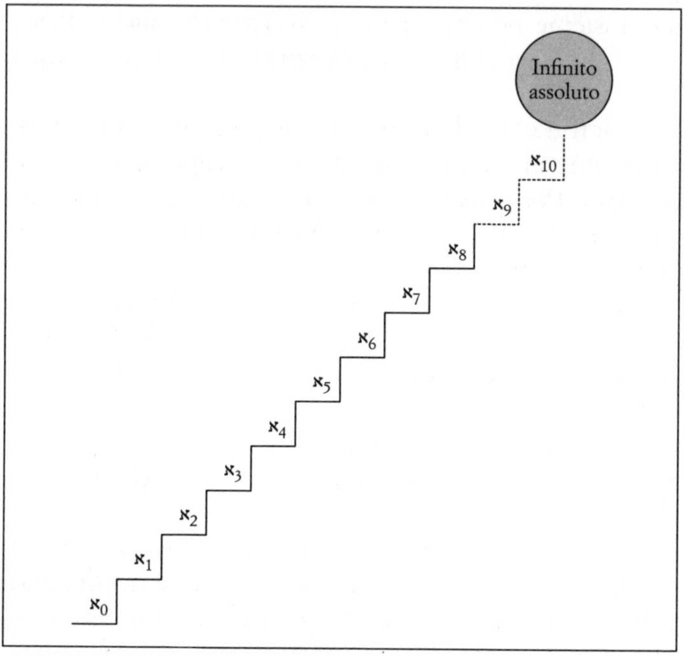

FIG. 7.1. La torre ascendente di infiniti sempre più grandi di Cantor.

presentato nelle creazioni del mondo che ne dipendono; la terza in quanto può essere concepito nel pensiero in astratto, come grandezza, numero e tipo di ordine matematici[11].

Cantor sembra pensare all'infinito assoluto nei termini in cui lo pensava Anselmo al momento in cui concepiva la sua famosa prova ontologica dell'esistenza di Dio, invocando l'esistenza di un'idea superiore a ogni altra che possa essere concepita[12].

Sfortunatamente le grandi intuizioni di Cantor non furono recepite positivamente dai guardiani conservatori delle maggiori riviste di matematica. I «finitisti» rigettarono completamente il suo lavoro e accusarono Cantor di essere un «corruttore della gioventù» e un «ciarlatano scientifico»[13]. Leopold Kronecker, uno dei più influenti, rispose scrivendo che

> Le definizioni devono contenere i modi per raggiungere una decisione in un numero finito di passaggi, e l'esistenza delle prove deve essere condotta in maniera tale che la quantità in questione possa essere calcolata con il richiesto grado di accuratezza[14].

Perfino Karl Gauss, il più grande matematico del tempo (e forse di ogni tempo) che precedette Cantor di qualche decennio, scrisse a un amico nel 1831 a proposito della ricerca sull'infinito attuale:

> Io protesto con forza contro l'uso della grandezza infinita in quanto entità attuale, cosa che in matematica non è mai permessa. L'infinito è semplicemente *un modo di dire*, il cui reale significato è un limite al quale certi rapporti possono avvicinarsi indefinitamente laddove altri possono divergere aumentando senza restrizioni.

Prima di Cantor molti matematici, come Gauss, consideravano dotati di significato solo gli infiniti potenziali: gli infiniti attuali non potevano averne. Il lavoro di Cantor del 1883 sugli infiniti attuali fu considerato anatema. All'inizio Cantor non riuscì a far pubblicare il suo lavoro e la convinzione che a bloccarlo fosse stato Kronecker (sua la famosa affermazione secondo cui «Dio ha creato i numeri interi, tutto il resto è opera dell'uomo») lo portò a un crollo nervoso nel 1884, tale da rendersi necessario un periodo di riposo e il confinamento in una clinica di Halle, la città nella cui università Cantor insegnava. Si ritirò dalla ricerca matematica, avvicinandosi, come già si diceva, alla storia dell'origine dei sistemi di numerazione e confrontandosi più da vicino con filosofi e teologi sulla natura dell'infinito.

Sebbene la maggior parte dei matematici fosse contraria all'opera di Cantor, la Chiesa cattolica, principalmente nella figura dell'assai influente prete, filosofo, teologo tedesco Constantin Gutberlet, la considerò invece come una manna dal cielo. Ma ci furono, invece, altri teologi che accusarono Cantor di creare una nuova forma di panteismo. Da un lato le diverse varietà di infinito permettevano che l'infinito di Dio sedesse in cima alla torre di Cantor legittimando lo studio di tutti gli infiniti minori in matematica e altrove, senza per ciò sfidare l'unicità dell'Infinito divino. Dall'altro si arrivava a mostrare che la mente umana poteva afferrare e studiare gli infiniti aspetti del Divino. E si poteva sostenere che tutti gli immutabili pensieri di Dio non possono non essere che un infinito completo, quindi fornendo la prova dell'esistenza degli infiniti superiori di Cantor.

L'infinito matematico era solo un tipo di infinito. Ci possono essere infiniti in fisica (al momento del Big Bang o al centro dei buchi neri) o un tipo più generale di infinito trascendentale che è simile a Dio o all'Universo. Diversi matematici e filosofi hanno spesso creduto nell'esistenza di alcuni tipi di infinito, ma non ad altri. La tabella 7.1 riassume le credenze, riguardo alla reale esistenza delle varietà di infinito, di alcuni eminenti pensatori[15].

Questa straordinaria svolta della matematica ha

TAB. 7.1.

	Infiniti matematici	Infiniti fisici	Infinito assoluto
Platone	No	Sì	No
Aristotele	No	No	No
Gottfried Leibniz	Sì	Sì	Sì
Luitzen Brouwer	No	Sì	Sì
David Hilbert	Sì	No	No
Bertrand Russell	Sì	Sì	No
Kurt Gödel	Sì	No	Sì
Georg Cantor	Sì	Sì	Sì
Albert Einstein	Sì	No	Sì
Paul Dirac	Sì	No	Sì

portato Cantor a sviluppare l'aritmetica transfinita, che tratta gli infiniti come oggetti reali e non come semplici potenzialità. Si stabiliscono allora le nuove, strane regole dell'aritmetica transfinita. Queste regole che governano gli infiniti tra gli alef (da $\aleph_0$ in su) specificano e chiariscono quelle, un po' grossolane, che abbiamo espresso prima per ∞.

Per esempio si può vedere che $\aleph_0 + 1$, così come $\aleph_0 + 2$, coincide con lo stesso $\aleph_0$. Infatti aggiungere uno o due punti a un insieme numerabile non cambia la sua consistenza. Non però che se ne possa dedurre $1 = 2 = 0$.

Cantor credeva fermamente che questi numeri transfiniti e gli infiniti al loro fianco fossero stati scoperti – che esistessero davvero – e non inventati. Egli credeva gli fossero stati rivelati divinamente. Il suo lavoro, alla fine, è diventato parte integrante della matematica grazie a uno dei matematici più grandi della fine del XIX secolo e inizio del XX, David Hilbert. Hilbert si oppose alla dottrina dei «costruttivisti» vedendo nel complesso delle loro restrizioni un tentativo di circoscrivere la portata della matematica. Nel 1926, in maniera stridente rispetto a quella prospettiva, scriveva: «Dal paradiso che Cantor ha creato per noi, nessuno sarà mai capace di cacciarci via»[16].

Sfortunatamente Cantor morì nel 1918 e non poté assistere alla sua riabilitazione né apprezzare l'enorme influenza del suo rivoluzionario lavoro.

Note

[1] In «The Saturday Review», 15 aprile 1978.

[2] Altrettanto profondi erano i famosi quattro paradossi di Zenone, proposti da Zenone di Elea intorno al 450 a.C. Aristotele argomentava come l'assunzione di Zenone, secondo il quale un numero infinito di cose potesse succedere in un tempo finito, fosse un errore di ragionamento.

[3] R. Descartes, *Principles of Philosophy*, 27, citato in M. Blay, *Reasoning with the Infinite*, Chicago, The University of Chicago Press, 1993.

[4] Per un'ampia discussione della storia e delle posizioni riguardo al concetto di infinito rimandiamo a J.D. Barrow, *The Infinite Book*, London, J. Cape, 2005; trad. it. *L'infinito*, Milano, Mondadori, 2005.

[5] Agostino, *La città di Dio*, Libro XII, capitolo 18.

[6] Se lanciamo una moneta in aria con una velocità ascensionale V da un'altezza H sopra il terreno, salirà a un'altezza $h = H + Vt - 1/2gt^2$, dopo un tempo t, dove g è l'accelerazione di gravità. Tornerà nella mano di chi l'ha lanciata alla stessa altezza H, cioè per h ancora uguale a H, dopo un tempo $T = 2V/g$. Se è stata lanciata in aria con una rotazione intorno al proprio asse di R giri al secondo (r/s), si sarà capovolta N volte secondo questa formula $N = T \times R = 2VR/g$. Si capisce dalla formula che se si vuole che la moneta giri molte volte, la velocità ascensionale V dovrà essere grande, così da permetterle di salire parecchio in aria. La rotazione della moneta è, naturalmente, essenziale. Se la si lancia con pochissima o nessuna rotazione, come un frisbee, non si rovescerà e atter-

rerà con la stessa faccia con cui è partita. La formula rivela anche il grado di probabilità. Se *N* fosse solo 1, la moneta verrebbe lanciata molto lentamente, con il lato «testa» rivolto verso l'alto, e cadrebbe di nuovo a «testa» in giù. Quando *N* è compreso tra 2 e 3, 4 e 5, 6 e 7 e così via, verrà afferrata da chi l'ha tirata dallo stesso lato da cui è partita, mentre se *N* è compreso tra 3 e 4, 5 e 6, 7 e 8 e così via, atterrerà dal lato opposto. Quando *N* diventa grande, molto più grande di 20, per esempio, le condizioni di *V* e di *R* che determinano i due distinti risultati si avvicinano sempre di più e bastano minime differenze nelle condizioni di lancio a produrre «testa» o «croce». In genere *V* è di circa 2 *m/s*, e poiché $g = 9{,}8\ m/s^2$ avremo un tempo in aria di $2V/g = 0{,}4$ secondi. Per avere il tempo perché gli oltre 20 giri della moneta assicurino un risultato vicino a 50-50, bisognerà lanciarla in maniera che il ritmo di rotazione sia oltre 20/0,4 = 50 *r/s*. Per maggiori dettagli, J.D. Barrow, *100 Things You Didn't Know about Maths and Sport*, London, Bodley Head, 2012, cap. 94; trad. it. *100 Cose che non sapevi di non sapere sullo sport*, Milano, Mondadori, 2013, cap. XCIV.

[7] G. Galileo, *Discorsi e dimostrazioni matematiche intorno a due nuove scienze*, Torino, Boringhieri, 1958.

[8] G. Galilei, *Dialogo tra Salviati, Sagredo, e Simplicio*, in *Dialogo sopra i due massimi sistemi del mondo (primo giorno)*, Milano, Sonzogno, 1962.

[9] Riguardo alla seconda lettera di Newton a Bentley sull'infinito, si veda I.B. Cohen, *Isaac Newton's Papers & Letters on Natural Philosophy*, Cambridge, Mass., Harvard University Press, 1958, p. 295.

[10] Ci si può domandare dove si collochi, in questa gerarchia, il continuo. Cantor ritenne che costituisse il primo gradino dopo $\aleph_0$ e quindi coincidesse con $\aleph_1$. La sua congettura si chiamò «ipotesi del continuo». La sua soluzione divenne uno dei problemi più complicati della teoria degli insiemi. Kurt Gödel nel 1938 e Paul Cohen nel 1963 mostrarono che il problema non poteva essere dimostrato o confutato usando gli assiomi standard della teoria degli insiemi: esso è *indecidibile*.

[11] https://www.uni-siegen.de/fb6/phima/lehre/phima10/quellentexte/handout-phima-teil4b.pdf.

[12] Ciò suggerisce che, seguendo il rivoluzionario ragionamento di Cantor, si potrebbe concepire un assoluto negativo per stabilire

l'esistenza del diavolo! Ma Cantor non pensò mai a infiniti negativi, che del resto mal corrispondono alla sua costruzione. Quanto agli infinitesimi, ne avversò fortemente l'uso in matematica.

[13] J.W. Dauben, in «Journal of the History of Ideas», 38, 89, 1977, n. 15.

[14] D. Burton, *History of Mathematics*, Dubuque, Ia., W.C. Brown, 1995, III ed., p. 593.

[15] Esteso e modificato da R. Rucker, *Infinity and the Mind*, Princeton, N.J., Princeton University Press, 1995.

[16] D. Hilbert, *Über das Unendliche*, in «Mathematische Annalen», 95, 1, 1926, pp. 161-190, p. 170.

Capitolo ottavo

L'incompletezza di Gödel

C'è differenza tra una cosa
e parlare di una cosa.

Kurt Gödel

C'è una lunga storia di considerazioni scientifiche e filosofiche che riguarda ciò che è impossibile in fisica[1]. La visione di Aristotele aveva messo fuori legge la possibilità che le infinità fisiche o i vuoti locali della fisica si potessero creare oppure osservare[2]. Nel corso del Medioevo, alcuni fisici escogitarono diversi, ingegnosi esperimenti di pensiero nel tentativo di immaginare come la Natura potesse essere ingannata, così da consentire la formazione di un vuoto istantaneo, quindi discutendo come quella possibilità fosse impedita dal manifestarsi di alcuni processi naturali o, in caso di fallimento, invocando un «censore cosmico» capace di impedire l'apparizione sia pur momentanea di tale vuoto[3].

Oggi i fisici che si occupano di gravitazione studiando i buchi neri e la cosmologia cercano di dimostrare che la teoria della relatività di Einstein non permette la formazione di infiniti fisici, se non all'inizio e alla fine dell'Universo, a meno di non pensarli nascosti dall'orizzonte degli stessi buchi neri, laddove non sono in grado di influenzare l'Universo esterno.

La chimica a sua volta ha vissuto il suo dibattito alchemico sulla possibilità o impossibilità di trasmutare in oro i metalli di base, e l'ingegneria ha mantenuto un certo qual duraturo attaccamento alla ricerca del moto perpetuo nelle macchine, convinzione che è stata spazzata via del tutto al momento della scoperta delle leggi della termodinamica, le cui conseguenze furono comprese in maniera sistematica solo durante il XIX secolo. Insidiosi esempi, come quello del demone ordinatore di Maxwell, rimasero insoluti fino a quando furono definitivamente esorcizzati dall'applicazione della moderna teoria della termodinamica computazionale nel 1961[4].

Anche i matematici, occasionalmente, si trovarono a misurarsi con il problema dell'impossibilità nel contesto di alcuni fondamentali problemi di aritmetica, geometria e algebra. Fu verso il 550 a.C., presumibilmente, che i pitagorici incontrarono per la prima volta l'«irrazionalità» (ciò che al tempo significava «non una frazione» piuttosto che «oltre la ragione», come la intendiamo oggi) di un numero come $\sqrt{2}$ che non può essere espresso come il rapporto di due numeri interi[5]. Leggenda vuole che la scoperta suscitò un tale scandalo per il pensiero che il suo autore, Ippaso, fu annegato dai membri della confraternita pitagorica a causa dei problemi che ne derivavano. Esempio e aneddoto ci consentono un primo assaggio riguardo ai problemi che nascono da operazioni e domande che, a partire da un determinato sistema di regole, non trovano risposta. Nel primo quarto del XIX secolo, il problema di trovare una forma esplicita per la soluzione di una generale equazione algebrica di quinto grado ($Ax^5 + Bx^4 + Cx^3 + Dx^2 + Ex + F = 0$, con A, B, ..., F costanti arbitrarie) grazie all'applicazione di operazioni elementari come addizione, sottrazione, moltiplicazione, divisione ed estrazione di radici di grado appropriato (dunque fino al quinto nel nostro caso) ai suoi coefficienti, fu dimostrato non avere una soluzione dal giovane matematico norvegese Henrik Abel[6], al cui nome è stato dedicato l'equivalente del premio Nobel in matematica. Diversamente dal caso delle equazioni quadratiche, cubiche, o di quarto grado, quelle alla quinta potenza non possono essere risolte da nessuna formula esatta[7]. Solo pochi anni dopo, nel 1837, si diede la dimostrazione rigorosa che un angolo di 60° non poteva essere diviso in tre parti solo tracciando rette o archi di circonferenza con squadra e compasso. Questi casi rivelarono per la prima volta, a coloro che li osservarono nel modo giusto, alcuni spunti sui limiti di particolari sistemi assiomatici.

Nel 1899 David Hilbert, tra i giovani matematici più brillanti di quel tempo, diede inizio a un programma sistematico per porre la matematica su un piano assiomatico formale[8]. Questo programma fu esposto per esteso nel saggio *Sull'infinito* del 1925[9]. Hilbert credeva possibile determinare gli assiomi fondanti di ogni singola parte della matematica (e quindi dell'intera matematica), mostrare che questi assiomi erano coerenti e quindi provare che il risultante sistema di affermazioni e deduzioni, conseguente da quegli assiomi, era sia completo che decidibile.

Più precisamente, un sistema è coerente se evita contraddizioni, e cioè se di ogni affermazione *S* che si può concepire al suo interno giunge al più a provare o *S* o la sua negazione, ~*S*, ma non entrambe.

Si dice invece completo, se di ogni tale *S* sa provare o *S* stessa o la sua negazione.

Il sistema è infine decidibile se esiste un algoritmo che sa stabilire, per ogni affermazione *S* formalizzabile al suo interno, se questa si dimostra o no nel sistema come un suo teorema.

La visione formalistica della matematica di Hilbert consisteva in una fitta rete di deduzioni che si estendeva, con impeccabili connessioni logiche, a partire dagli assiomi di base. Di fatto la matematica risultava definita come la collezione di tutte quelle deduzioni. Hilbert si avviò a completare questo programma di formalizzazione della matematica con l'aiuto di altri colleghi, e credette anche che sarebbe stato possibile estenderne il campo di applicazione, includendo scienze come la fisica[10] che erano costruite sulle basi della matematica applicata. Iniziò quindi con la geometria euclidea e in effetti riuscì a collocarla su una rigorosa base assiomatica. Passò poi a rafforzare il suo programma propugnando la ricerca di fondamenti assiomatici per altri rami della matematica, soprattutto per l'aritmetica. Il criterio principe per accreditare questi sistemi era sempre lo stesso: dimostrarne la coerenza.

Il programma di Hilbert mosse i primi passi con grande sicurezza ed era convinzione comune che sarebbe stata solo questione di tempo prima che tutta la matematica si trovasse contenuta all'interno della sua rete formalistica. Sulla sua tomba questa fiducia si riflette nell'epitaffio che riporta una citazione dal suo discorso alla Società dei naturalisti e fisici tedeschi, dell'8 settembre 1930, in occasione di una conferenza sull'epistemologia delle scienze esatte:

Wir müssen wissen
Wir werden wissen

cioè, in italiano, «Noi dobbiamo sapere. Noi sapremo». Questa schiettezza senza compromessi si è manifestata in altre dichiarazioni non matematiche di Hilbert. Discutendo del processo a Galileo e della sua incapacità di ergersi a difesa delle sue credenze scientifiche, Hilbert sottolineò come lo scienziato pisano «non è stato stupido [...] Solo uno stupido poteva credere che la verità scientifica avesse bisogno del martirio; che può forse essere necessario per la religione, mentre i risultati scientifici trovano dimostrazione a tempo debito»[11]. Purtroppo, il mondo fu presto messo sottosopra dal giovane Kurt Gödel appena un giorno dopo il fiducioso discorso di Hilbert, durante una tavola rotonda a margine della conferenza a Königsberg.

Gödel aveva rapidamente completato uno dei primi passi del programma di Hilbert, come parte della sua tesi di dottorato, dimostrando la coerenza e la completezza della logica del primo ordine (in seguito Alonzo Church e Alan Turing avrebbero dimostrato, invece, che questa logica non era decidibile). Nel 1929 il matematico polacco Mojżesz Presburger dimostrò che l'aritmetica di Peano, limitata all'addizione, era coerente, completa e decidibile. Si parla nel suo caso di aritmetica di Presburger. Nel 1930 il norvegese Thoralf Skolem dimostrò la stessa cosa ma, nel suo caso, limitata alla moltiplicazione. Invece i passi ulteriori compiuti da Gödel sono quelli che gli hanno assicurato la fama di più grande logico mai esistito dopo Aristotele. Lungi dall'estendere il programma di Hilbert così da raggiungere l'obiettivo dichiarato – una prova della completezza dell'aritmetica – Gödel ha dimostrato il contrario, ovvero: qual-

TAB. 8.1. *Riassunto dei risultati ottenuti con riferimento a coerenza, completezza e decidibilità di sistemi logici fondamentali*

Teoria	Coerente?	Completa?	Decidibile?	Spiegazioni
Logica proposizionale	Sì	No	Sì	È l'insieme delle formule valide, cioè sempre vere: sono esattamente quelle formule che si dimostrano con un opportuno calcolo deduttivo. La decidibilità si connette al problema $P = NP$.
Logica del primo ordine	Sì	No	No	È l'insieme degli enunciati validi: gli stessi che si dimostrano con un opportuno calcolo deduttivo. L'indecidibilità fu provata nella sostanza da Church e Turing.
Teoria elementare dei numeri reali con +, ×	Sì	Sì	Sì	Si tratta degli enunciati del primo ordine veri tra i numeri reali: elementare significa appunto «formalizzata al primo ordine». A provare le varie proprietà fu Tarski.
Geometria euclidea elementare	Sì	Sì	Sì	Elementare significa ancora «formalizzata al primo ordine». Si fa riferimento alla assiomatizzazione di Tarski, che provò le varie proprietà desumendole da quelle dei reali.
Certe geometrie non euclidee elementari	Sì	Sì	Sì	Si fa riferimento, per esempio, a geometrie iperboliche ed ellittiche trattate da Schwabhäuser con tecniche analoghe al punto precedente.
Aritmetica elementare di Presburger	Sì	Sì	Sì	È la teoria del primo ordine dei numeri naturali con la sola addizione, cioè l'insieme degli enunciati veri in questo universo.
Aritmetica elementare di Skolem	Sì	Sì	Sì	Stavolta si considera la sola moltiplicazione.
Aritmetica elementare di Peano PA	Sì?	No	No	Compaiono tanto l'addizione quanto la moltiplicazione. La coerenza fu provata da Gentzen in un contesto logico opportuno. Gli altri due risultati negativi si collegano ai teoremi di incompletezza di Gödel. Gli stessi teoremi escludono che la coerenza si possa provare sulla sola base di PA.

siasi sistema coerente, ricco abbastanza da contenere l'aritmetica, deve essere necessariamente incompleto. La sua dimostrazione colse di sorpresa quasi tutti e, in un colpo solo, uccise di fatto il programma di Hilbert (e con lui anche quello di Whitehead e Russell).

Ci sono state reazioni ottimistiche e pessimistiche a seguito della dimostrazione di Gödel. Gli ottimisti, come Freeman Dyson, lessero in questo risultato la garanzia del carattere infinito dell'indagine conoscitiva umana. Questo atteggiamento considera ancora oggi la ricerca scientifica come una parte tanto essenziale dello spirito umano al punto che, se fosse completata, avrebbe un disastroso effetto demotivante su di esso. I pessimisti come John Lucas[12], invece, interpretarono il risultato di Gödel come l'affermazione dell'impossibilità per la mente umana di conoscere l'insieme (e forse nemmeno una buona parte) dei segreti della Natura.

Al contrario, altri, come Stanley Jaki[13], considerano questa barriera dell'incompletezza in maniera ottimistica, in quanto dimostrerebbe che la mente umana non può essere superata da una macchina calcolatrice. Altri usi, piuttosto informali, dei risultati di Gödel mostrano di essere divertenti. Per esempio, se una religione è un sistema di pensiero che contiene affermazioni non dimostrabili che devono essere accettate per fede, di conseguenza non solo la matematica è una religione ma è anche la sola capace di dimostrare di essere una religione.

È interessante osservare come nessuna delle precedenti dimostrazioni di «impossibilità», come quella di Abel, abbia dato origine a queste considerazioni generali sulle ultime e definitive capacità cognitive del genere umano. Nel caso di Abel, per esempio, si esclude una formula risolutiva generale per equazioni di un fissato grado maggiore di 4 che si ottenga però dai coefficienti dell'equazione con le operazioni elementari (cioè addizione ecc.) e con l'estrazione di radici. Se si consentono strumenti più potenti, la formula si trova. Il discorso di Gödel, invece, è più radicale.

Gödel fu un uomo a dir poco singolare. Come scrisse il poeta John Dryden nel 1861, «grande intelligenza e pazzia sono alleate strette. E sottilissime pareti le dividono»[14].

Quando ho chiesto a qualcuno dei suoi contemporanei all'Institute for Advanced Study di Princeton, se avevano conosciuto Gödel, mi hanno sempre risposto: «nessuno conosceva Gödel». Un fisico famoso mi ha riferito che, quando arrivò giovanissimo all'Istituto la prima volta, era ovviamente desideroso di parlare con Gödel dei suoi teoremi di incompletezza e di altre questioni legate alla meccanica quantistica. Lo chiamò attraverso il sistema telefonico interno, e fu piacevolmente sorpreso quando capì che glielo avrebbero passato direttamente: non c'era segretaria o assistente che avrebbe provato a tenerlo alla larga. Gödel gli propose un appuntamento nel suo ufficio. Il giovane fisico era molto eccitato alla prospettiva ma arrivato all'ora stabilita non trovò nessuno. Pensò che Gödel fosse stato trattenuto da un impegno importante. Il giorno seguente era al tè di benvenuto dell'Istituto per i nuovi arrivati quando vide Gödel seduto tutto solo in un angolo. Lo raggiunse e si presentò riferendogli che si era recato nel suo ufficio all'ora convenuta ma aveva immaginato che fosse dovuto andar via a causa di un appuntamento più importante. «Al contrario – replicò Gödel – ho capito che è solo prendendo un appuntamento che posso essere sicuro di non incontrare qualcuno».

È utile indicare le assunzioni precise che sostengono la dimostrazione di incompletezza di Gödel. Il suo teorema afferma che se un sistema formale è

1. *specificato in maniera ricorsiva*,
2. *grande abbastanza da includere l'aritmetica*,
3. *coerente*,

se ne deduce, appunto, che è incompleto.

Condizione 1. Significa che ci deve essere un elenco chiaro e accessibile di assiomi, come per esempio nell'aritmetica di Peano al primo ordine.

Condizione 2. Significa che il sistema formale riesce a definire i numeri naturali con le loro operazioni di addizione e moltiplicazione (entrambe!) e a provare certi fatti elementari a loro riguardo. Tanto vale, nuovamente, per l'aritmetica di Peano al primo ordine.

La struttura dell'aritmetica gioca un ruolo centrale nella dimostrazione del teorema di Gödel. Speciali proprietà dei numeri, quali la loro decomposizione in fattori primi e, come ha mostrato Gauss, l'unicità di tale rappresentazione (per esempio, $130 = 2 \times 5 \times 13$), sono state utilizzate da Gödel per stabilire una corrispondenza cruciale tra affermazioni di matematica e *affermazioni sulla matematica*. Queste ultime sono a volte definite come *affermazioni metamatematiche*.

Gödel ha ottenuto il suo risultato assegnando a ogni affermazione logica un numero di codice, cioè un numero naturale che la rappresenta. Per questo obiettivo si affida al teorema di decomposizione in fattori primi. Prima infatti attribuisce un numero di codice ai vari simboli coinvolti: per esempio, 3 al simbolo di zero 0, oppure 19 al simbolo della relazione di uguaglianza =. A questo punto una formula viene codificata dal numero che si ottiene prendendo i vari fattori primi 2, 3, 5, 7, ... ed elevandoli ai numeri che sono stati assegnati ai simboli presenti nella formula, nell'ordine in cui compaiono. Dunque «0 = 0» viene numerato da $2^3 \times 3^{19} \times 5^3$. In questo modo le affermazioni sui numeri diventano esse stesse numeri e diviene possibile esprimere come enunciati sui numeri naturali asserzioni che riguardano invece ragionamenti sui numeri naturali. In un dato sistema *S* si può allora formulare come proposizione sui numeri un'affermazione che parla di sé stessa e sostiene: «io non sono dimostrabile da *S*». Con la conseguenza che l'affermazione è dimostrabile se e solo se non lo è – un'ulteriore reminiscenza del paradosso del mentitore. Una mossa di jujitsu matematico!

Dunque l'aritmetica di Peano al primo ordine non è completa, e non è neppure decidibile.

Può semmai colpire che, se prendiamo solo i primi 10 numeri naturali, cioè 0, 1, 2, 3, 4, 5, 6, 7, 8, 9, e li sommiamo e moltiplichiamo modulo 10 (cioè ogni volta che superiamo 9 ripartiamo da 0, per esempio 5 + 6 che sarebbe 11 torna a essere 1), allora questa «mini-aritmetica» è completa. Il suo universo è infatti finito e sfugge alla condizione 2 del teorema di Gödel.

Un risultato ben più sorprendente riguarda la teoria del primo ordine dei numeri reali con rispettive operazioni di addizione e moltiplicazione, dunque un mondo apparentemente ben più complicato di quello dei numeri naturali. Eppure questa teoria è completa e decidibile. Lo assicura un teorema di Alfred Tarski, dimostrato a cavallo dell'ultima guerra mondiale. Siccome poi la geometria euclidea si esprime con i numeri reali e le loro operazioni, si può dedurre che essa pure è completa. Si potrà obiettare che non ci sia nulla di magico e quindi imprevedibile nella piatta natura euclidea della geometria classica. Bene: anche geometrie non euclidee delle superfici curve si rivelano complete.

Non però che un teorema astratto di completezza e decidibilità, come quello appena enunciato per numeri reali e geometria, concluda il discorso. Una procedura che distingue il vero dal falso, cioè un algoritmo di decisione per la teoria dei numeri reali al primo ordine, può richiedere nella pratica un lungo e tortuoso percorso di verifica. Anzi, un teorema di Fischer e Rabin del 1974 afferma che qualsiasi algoritmo per riconoscere gli enunciati veri tra i numeri reali con addizione e moltiplicazione (e addirittura tra i numeri reali con la sola addizione) impiega prima di rispondere, nei casi peggiori, tempi almeno esponenziali rispetto alla lunghezza dell'affermazione da decidere, e quindi, in definitiva, minaccia attese proibitive.

Peggio ancora capita per l'apparentemente innocua aritmetica di Presburger, quella con la sola addizione, che è completa e decidibile. Eppure un qualsiasi algoritmo che ne decide gli enunciati richiede, nei casi peggiori, tempi doppiamente esponenziali rispetto alla lunghezza dell'affermazione in esame. Prospetta quindi attese drammaticamente più lunghe perfino rispetto al caso dei reali. A dimostrarlo furono ancora Fischer e Rabin.

Come già si diceva, molte teorie fisiche si basano sui numeri reali o sui numeri complessi, ed esiste una gamma sorprendentemente ricca di fenomeni che si possono formalizzare negli ambiti astratti di questi insiemi numerici con le loro operazioni. Tutto ciò lascia sperare che queste teorie fisiche possano risparmiarsi gli imbarazzi dell'indecidibilità. Tarski, con l'aiuto dei suoi collaboratori, fra cui la sua allieva Wanda Szmielew, mise in evidenza come molti sistemi matematici usati in fisica, quali la teoria dei reticoli, la geometria proiettiva e la teoria dei gruppi cosiddetti abeliani (in onore di Abel), sono decidibili. Altri invece, come la teoria di tutti i gruppi, non lo sono[15].

E si conclude così un capitolo straordinario nella storia dello sviluppo della matematica. Che ovviamente continua, avendo conseguenze per la fisica, per l'informatica e per le capacità della mente umana in relazione a macchine come i computer.

Note

[1] J.D. Barrow, *Impossibility*, Oxford, Oxford University Press, 1998; trad. it. *Impossibilità. I limiti della scienza e la scienza dei limiti*, Milano, Rizzoli, 1999.

[2] J.D. Barrow, *The Book of Nothing*, London, Cape, 2000; trad. it. *Da zero a infinito. La grande storia del nulla*, Milano, Mondadori, 2001.

[3] E. Grant, *Much Ado about Nothing: Theories of Space and Vacuum from the Middle Ages to the Scientific Revolution*, Cambridge, Cambridge University Press, 1981. In precedenza, esempi di queste sfide in forma di esperimenti di pensiero sono rintracciabili nel *De Rerum Natura*, Libro 1, di Lucrezio.

[4] Si veda H. Leff e A. Rex (a cura di), *Maxwell's Demon*, Princeton, N.J., Princeton University Press, 1990, per una panoramica, con ristampa di tutti i lavori più importanti.

[5] K. Guthrie (a cura di), *The Pythagorean Sourcebook and Library*, Grands Rapids, Mich., Phares Press, 1987.

[6] P. Pesic, *Abel's Proof: An Essay on the Sources and Meaning of Mathematical Unsolvability*, Cambridge, Mass., Mit Press, 2003. Questo libro contiene nuove traduzioni del lavoro di scoperta di Abel del 1824.

[7] La formula per il secondo grado ci è familiare dai tempi della scuola: $A + Bx + C = 0$ ha soluzioni date nei termini di A, B e C dalla formula $x = [-B \pm \sqrt{}(B^2 - 4AC)]/2A$.

[8] Si vedano J. Gray, *The Hilbert Challenge*, Oxford, Oxford University Press, 2000, che contiene il testo della comunicazione di indirizzo di Hilbert al Congresso Internazionale di Matematica del 1900, pp. 240-282, e M. Toepell, in «Archive for History of Exact Sciences», 35, 329, 1986.

[9] D. Hilbert, *Über das Unendliche*, in «Mathematische Annalen», 95, 1, 1926, pp. 161-190, p. 170.

[10] L. Corry, in «Archive for History of Exact Sciences», 51, 83, 1997.

[11] C. Reid e H. Weyl, *Hilbert*, Berlin, Springer Verlag, 1970, p. 92.

[12] J.R. Lucas, in «Philosophy», 36, 112, 1961 e Id., *Freedom of the Will*, Oxford, Clarendon, 1970. Per un'eccellente discussione delle tesi e delle più ampie conseguenze di questo teorema si veda T. Franzén, *Gödel's Theorem: An Incomplete Guide to Its Use and Abuse*, Wellesley, Mass., A.K. Peters, 2005.

[13] S. Jaki, *Cosmos and Creator*, Edinburgh, Scottish Academic Press, 1980, pp. 49-55 e Id., *The Relevance of Physics*, Chicago, The University of Chicago Press, 1970.

[14] J. Dryden, *Absalom and Achitophel*, Oxford, Clarendon Press, 1911.

[15] A. Tarski, A. Mostowski e R.M. Robinson, *Undecidable Theories*, Amsterdam, North Holland, 1953.

Capitolo nono

Perché gli *uno* e i *due* sono così comuni

> Il chairman beveva una bottiglia di champagne quando vincevamo. Quando perdevamo ne beveva due e pensava che avessimo vinto.
>
> Bobby Robson[1]

Quando usiamo i numeri per qualsiasi necessità – in ragioneria, nell'insegnamento, per le operazioni bancarie, nei sondaggi, in ingegneria, nel calcolo delle statistiche sportive, o per organizzare i nostri viaggi – c'è qualcosa di straordinario in essi, sin dai valori più piccoli come 1 e 2, a cui molto probabilmente non facciamo caso. Questa affascinante parte della matematica, per altro molto semplice ed effettivamente rilevante, che riguarda i numeri piccoli, fu osservata per la prima volta dall'astronomo americano Simon Newcomb[2] nel 1881, quindi riscoperta nel 1938 da un ingegnere, Frank Benford, che ne scrisse e ne derivò una legge che ora si chiama legge di Benford in suo onore.

Ciò che notarono, sia Newcomb che Benford, era che molte collezioni di numeri, apparentemente messi insieme in maniera casuale, come le aree dei laghi, i punteggi del baseball, le potenze di due, i numeri che si leggono all'interno delle riviste, le posizioni delle stelle, le liste dei prezzi, le costanti della fisica, le entrate commerciali, presentavano alcune «prime

TAB. 9.1. *La frequenza relativa delle prime cifre di numeri ricorrenti, dopo la virgola decimale, in vari tipi di dati, secondo la legge di Benford*

Cifra	Presenza statistica come prima cifra significativa
0	
1	30,10%
2	17,61%
3	12,49%
4	9,69%
5	7,92%
6	6,69%
7	5,80%
8	5,12%
9	4,58%

cifre» la cui frequenza relativa seguiva, con buona approssimazione, una distribuzione assai accurata, indipendentemente dalle unità di misura utilizzate[3]. Per «prima cifra» di un numero reale positivo intendiamo la prima significativa nella sua rappresentazione decimale, dunque per esempio 1 in 0,01382.

Ci saremmo potuti aspettare che le nove cifre diverse da zero, 1, 2, 3, ..., 9 avessero la stessa possibilità di apparire, ognuna con una probabilità equivalente, in maniera approssimativa, a $1/9 = 0{,}111$ (così che la somma delle loro probabilità valga 1 con buona approssimazione). Tuttavia, Newcomb e Benford trovarono che la prima cifra significativa in un campione di dimensione apprezzabile di numeri «di tutti i giorni» tende a seguire un'ulteriore semplice legge di frequenza, che esprime la probabilità, $P(d)$, al variare di d tra 1 e 9, che d sia la cifra in questione nella forma:

$$P(d) = \log_{10}(d + 1) - \log_{10}(d) = \log_{10}[1 + 1/d],\ d = 1, 2, 3, \ldots, 9.$$

In dettaglio si hanno, arrotondando alla seconda cifra decimale, i valori della tabella 9.1:

$P(1) = 0{,}30$, $P(2) = 0{,}18$, $P(3) = 0{,}12$,
$P(4) = 0{,}10$, $P(5) = 0{,}08$, $P(6) = 0{,}07$,
$P(7) = 0{,}06$, $P(8) = 0{,}05$, $P(9) = 0{,}05$.

La cifra 1 è quella che è più facile si verifichi, con una frequenza di 0,30 che supera di gran lunga l'egualmente probabile occorrenza di 1/9 = 0,11. Ci sono diversi modi, abbastanza sofisticati, di arrivare alla formula per $P(d)$, il che ci dice che le probabilità delle differenti cifre sono uniformemente distribuite su una scala logaritmica (fig. 9.1). Inoltre, se si cambia la base aritmetica da 10 a, diciamo, *b*, l'unica cosa che cambia nella formula di Newcomb-Benford è che la base del logaritmo nella formula per $P(d)$ cambia da 10 a *b*. Così, per l'aritmetica binaria ($b = 2$) le cose sono molto semplici. L'unico numero nell'aritmetica binaria che non comincia con 1 è 0, $P(1) = \log_2(2) = 1$, ed effettivamente dal punto di vista statistico la probabilità che la prima cifra significativa sia 1 è del 100%.

È bene capire perché ci sia una distorsione verso le cifre più basse, specialmente 1 e 2. Si pensi alla probabilità che, al crescere dei numeri 1, 2, 3, 4, ..., 9, 10, 11, ..., 19, 20, ..., 99, 100, 101, ... ecc., la prima cifra sia 1. Se prendano i primi due numeri, 1 e 2, ovviamente la probabilità che la prima cifra sia 1 è di 1/2. Se includiamo tutti i numeri fino a 9, la probabilità $P(1)$ scende a 1/9. Quando sommiamo il numero seguente, 10, sale a 1/5 perché due dei numeri (1 e 10) cominciano con 1. Se ora includiamo

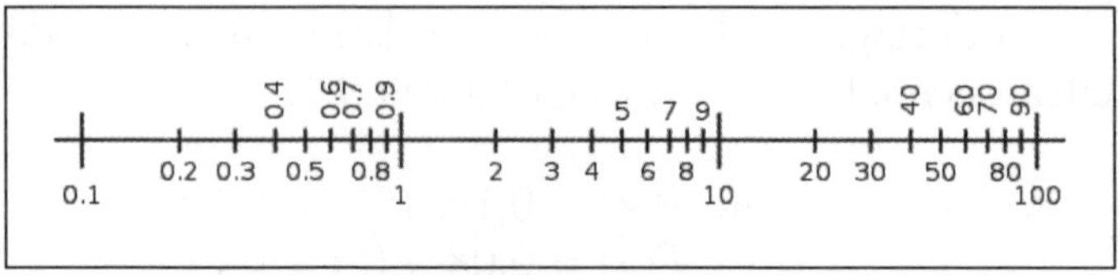

FIG. 9.1. Una linea logaritmica di numeri. Prendendo a caso una posizione x in maniera uniforme su questa linea, più o meno il 30% delle volte, la prima cifra del numero sarà 1.

11, 12, 13, 14, 15, 16, 17, 18, 19, improvvisamente $P(1)$ salta a 11/19. Se si va avanti fino a 99 non si trovano nuovi numeri che iniziano con 1 come prima cifra, e $P(1)$ comincia ad abbassarsi: dopo 99 numeri scende a $P(1) = 11/99$. Quando raggiungiamo 100 la probabilità è destinata a crescere fino a 199 perché ogni numero tra 100 e 199 comincia con 1.

In questo modo vediamo che la probabilità $P(1)$ che la prima cifra sia uguale a 1 va su e giù dopo aver raggiunto i livelli 10, 100, 1.000, e va avanti così con uno schema a dente di sega. La legge di Newcomb-Benford rappresenta solo la media di tutti quei saliscendi del grafico a dente di sega di $P(1)$ la quale oscilla attorno al valore medio. La media indica un valore più o meno di 0,30, appunto ciò che la formula per $P(d)$ predice.

L'ubiquità della legge di Newcomb-Benford è piuttosto sorprendente. Essa è stata usata come strumento per identificare dichiarazioni fiscali potenzialmente sospette: se i numeri sono inventati e artificiosamente prodotti da un generatore di numeri casuali, invece di risultare «naturalmente» dalla somma di molte pezze d'appoggio fiscali, tenderanno a non seguire la legge. Questa idea è stata introdotta, per ciò che riguarda l'attività commercialistica, nel 1992 da Mark Nigrini, un dottorando che studiava all'Università di Cincinnati[4]. L'investigatore capo dell'ufficio del procuratore distrettuale di Brooklyn ha sperimentato il metodo Nigrini retrospettivamente su sette casi di frode finanziaria che erano stati già accertati, confermandone con successo l'identificazione, indipendentemente dalla precedente conoscenza. È stato usato anche per le dichiarazioni fiscali di Bill Clinton, per altro non rilevando nulla di sospetto! Il punto debole di questo tipo di analisi è che, se si è operato un sistematico arrotondamento dei numeri, i dati grezzi risulteranno distorti e il test non funzionerà.

A dispetto della sua ubiquità, la legge di Newcomb-Benford non si può considerare universale: non si tratta di una legge di Natura così come la si intende in fisica[5]. La distribuzione della statura o del peso tra gli esseri umani, i dati del QI, i numeri di telefono, quelli civici delle abitazioni, quelli delle diverse lotterie, non sembrano seguire la legge di Newcomb-Benford. Quali sono le condizioni richieste per rendere conto di una distribuzione di cifre iniziali in una collezione di numeri?

I dati che usiamo devono riguardare solo quantità della stessa specie: non si sommano aree dei laghi con numeri del codice fiscale. Non ci dovrebbero essere tagli imposti sui numeri più grandi o più piccoli della collezione, come accade generalmente nel caso dei numeri civici, e i numeri non dovrebbero essere assegnati da qualche speciale sistema di numerazione come i codici postali, i numeri civici, quelli del passaporto e del telefono.

La distribuzione delle sequenze deve essere abbastanza regolare, senza grandi picchi intorno a numeri particolari. La cosa più importante, tuttavia, è la necessità che copra una vasta gamma di numeri (decine, centinaia o migliaia) e che la distribuzione delle frequenze sia ampia e piatta piuttosto che ristretta intorno al picco di un particolare valore medio: si vedano le figure 9.2a e 9.2b che mostrano questo tipo di situazione in grafico. Quando si disegna la distribuzione di probabilità, ciò significa che si vuole che l'area sotto la curva, per un certo intervallo di risultati, sia determinata in gran parte dalla larghezza della distribuzione piuttosto che dalla sua altezza (come nella fig. 9.2a). Se la distribuzione è relativamente ristretta intorno a un picco – com'è per la frequenza dell'altezza degli adulti nella figura 9.2b – allora le prime cifre di quelle altezze non seguiranno la legge di Newcomb-Benford. Senonché, questo non spiega ancora l'ubiquità della legge di Newcomb-Benford perché non spiega l'ubiquità degli insiemi di dati con quelle caratteristiche richieste nel mondo naturale e degli esseri umani.

Questo fenomeno relativo alle piccole cifre fu riconosciuto per la prima volta da Newcomb quando si accorse quanto fossero consumate, nel suo libro che riportava le tavole dei logaritmi, le pagine corrispondenti alla prima coppia di cifre. È una cosa sorprendente e ci mostra che ancora oggi c'è qualcosa di speciale che riguarda i piccoli numeri. Essi sono molto usati. Abbiamo già visto e dovremmo ricordare che le cifre scelte a caso dovrebbero avere 1 e 2, ciascuna come prima cifra dopo il decimale, l'11% delle volte: Newcomb e Benford predicono che l'1 appa-

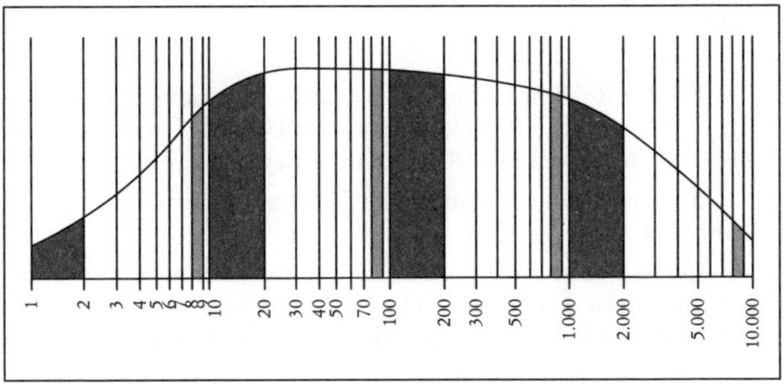

FIG. 9.2a. Una probabilità di distribuzione ampia del registro di una variabile, mostrata su una scala del registro. Questo ci dà la distribuzione di Newcomb-Benford delle prime cifre.

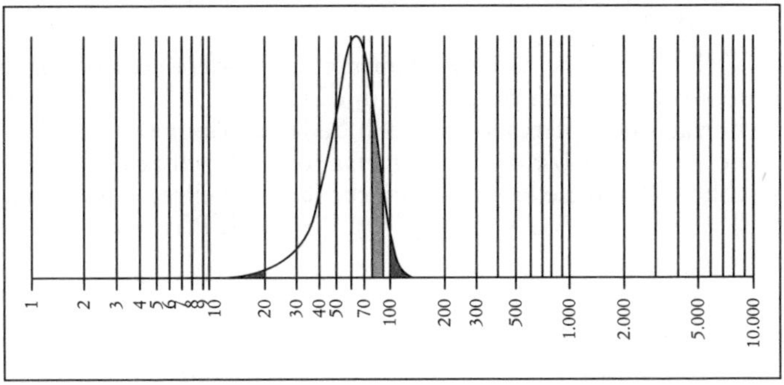

FIG. 9.2b. Una probabilità di distribuzione, concentrata attorno a un picco, del registro di una variabile mostrata su una scala del registro. Questo non ci dà la distribuzione di Newcomb-Benford delle prime cifre.

rirà il 30% delle volte e il 2 il 18%. Al contrario, le cifre più grandi di 4 compaiono con un'aspettativa casuale minore dell'11% delle prime cifre. Possiamo fare la prova con alcuni «nostri» numeri.

Note

[1] Bobby Robson è stato un giocatore di calcio e allenatore della nazionale inglese e del Newcastle United. Citato in «The Independent», 2 febbraio 2016, in un articolo di Chris McGrath.

[2] S. Newcomb, in «American Journal of Mathematics», 4, 39, 1881.

[3] Questo si applica a quantità che presentano dimensioni, come le aree. La distribuzione che Newcomb e Benford trovarono, infatti, presenta la proprietà di rimanere invariata ridimensionando le quantità così da avere nuove unità. La condizione d'invarianza, che la prima cifra della distribuzione soddisfi $P(kx) = f(k)P(x)$, con k costante, e $f(k)$ una funzione di k, richiede che $P(x) = 1/x$ e $f(k) = 1/k$, e selezioni unicamente la distribuzione di Newcomb-Benford come $P(d) = [\int d^{d+1} dx/x]/[\int 1^{10} dx/x] = \log_{10}[1 + 1/d]$.

[4] M. Nigrini, *The Detection of Income Evasion through an Analysis of Digital Distributions*, University of Cincinnati PhD thesis, 1992.

[5] La loro legge nasce esattamente per rendere conto di ogni processo che ha una probabilità di distribuzione $P(x) = 1/x$ per x che varia nell'intervallo tra 0 e 1. Se la probabilità di distribuzione era $P(x) = 1/x$ con una diversa forma 1, allora il risultato sarebbe differente e la probabilità che la prima cifra sia d diventa $P(d) = (10^{1-a} - 1)^{-1}[(d + 1)^{1-a} - d^{1-a}]$. Per $a = 2$, $P(1)$ ora è 0,56.

Capitolo decimo

Che cos'è la matematica?

> I biologi pensano di essere biochimici, i biochimici si pensano come chimico-fisici che a loro volta pensano di essere fisici, i fisici pensano di essere Dio; e Dio pensa di essere un matematico.
>
> Anonimo[1]

Abbiamo parlato molto di matematica in questo libro, coprendo vari argomenti. Ma che cos'è la matematica? Se chiediamo a uno storico o a un chimico cosa sia la storia o la chimica, questi sarà in grado di fornire una risposta diretta in maniera pressoché istantanea. I matematici combattono da sempre con questa domanda, anche se la maggior parte non se ne preoccupa affatto e la cosa non ha nulla a che vedere con il loro lavoro. Piuttosto può loro capitare di trattare l'argomento chiacchierandone occasionalmente nel weekend o con conoscenti e amici non matematici. A parte poche eccezioni, questo tema è diventato il dominio speculativo di un piccolo gruppo di filosofi della matematica. E in quest'ambito ci sono quattro principali opzioni tra cui scegliere.

La prima opzione è detta *platonismo matematico*, e si ispira alla concezione platonica che considera le cose visibili come manifestazioni parziali e imperfette di archetipi ideali e perfetti esistenti in un mondo diverso. Da questo punto di vista oggetti matematici come insiemi, curve, esponenti e numeri esisterebbero *a priori* e noi li scopriremmo piuttosto che inventarli. Questo è quello che ai matematici piace pensare quando fanno matematica. Quando trovano un nuovo metodo per risolvere un vecchio problema, essi prediligono pensare di aver scoperto qualcosa di effettivamente esistente grazie all'impegno profuso e alle loro personali intuizioni. Indagandola più d'appresso ci si accorge di alcuni aspetti curiosi di questa filosofia che contempla un mondo di esemplari ideali, di costruzioni artificiali cui si riferirebbero le cose di ogni giorno ma con i quali noi poveri mortali (costretti nel fondo della caverna platonica) non possiamo interagire in modo diretto. Aristotele non accettava questo modo di vedere giacché credeva che ogni cosa derivasse la sua natura dalla sua forma (causa formale) intrinseca (da qui, la nostra moderna espressione di «informare qualcuno»). Egli argomentava che la visione platonica portasse a una regressione all'infinito:

> Se gli uomini sono come sono perché hanno qualcosa in comune con l'Uomo, l'ideale archetipo eterno, come si potrebbe spiegare il fatto che un uomo e l'Uomo si somiglino senza assumere l'esistenza di un ulteriore archetipo? E questo stesso ragionamento non porterebbe ad assumere come necessario un terzo, un quarto e un quinto archetipo, e così via secondo una regressione di più e più mondi ideali?

Un ulteriore problema emerge quando si voglia considerare il disegno imperfetto dei nostri triangoli o delle nostre parallele come riflessi parziali dei loro veri e perfetti «ideali» originali. Sono questi, infatti, esempi particolari e imperfetti di un originale perfetto o esempi perfetti di un imperfetto originale? Ogni oggetto matematico esistente dovrebbe esistere in un «paradiso» platonico di forme ideali in attesa di essere scoperte e «scaricate» da noi.

La filosofia platonica fiorì nella tradizione cristiana, dove Dio era considerato l'onnipotente creatore delle leggi dell'Universo. La matematica era parte della mente di Dio, parte della verità ultima sull'Universo: il modo più vicino di approssimare quel fondamento di verità. Prima che i matematici cominciassero a trovare altre geometrie rispetto a quella di Euclide e altre logiche rispetto a quella di Aristotele, la matematica era ciò che era l'Universo. Qualsiasi critica mettesse in discussione la speranza per la teologia umana di penetrare le verità ultime dell'Universo veniva confutata proprio mettendo in evidenza come la geometria euclidea permettesse di cogliere almeno una parte di quella verità. In pratica i matematici tendono a lavorare come se questa fosse la verità, anche se probabilmente non cercherebbero di difenderla come una filosofia operativa. Il platonismo è una forma di realismo riguardo alla matematica che, all'inizio, può sembrare chiara e semplice ma che risulta poi assai complicata quando si cerchi di darle un senso[2]. Tra i matematici platonici più famosi ricordiamo: Frege, Gödel, Cantor, Willard van Quine e Roger Penrose.

Riassumendo: il platonismo matematico sostiene l'esistenza di oggetti matematici (come i numeri 1 e 2 e come la formula 1 + 1 = 2) in quanto oggetti astratti, ovvero che non possono causare effetti tangibili. Di più, essi esistono indipendentemente da qualsiasi essere intelligente che possa pensarli e parlarne. Sono parte di una realtà che esiste a prescindere dai nostri pensieri su di essa. Da questo punto di vista, ci possiamo aspettare che eventuali intelligenze extraterrestri scoprano lo stesso tipo di matematica di cui disponiamo – sia pur espressa nella «loro» lingua – e magari una matematica «in base 8» giacché potrebbero avere otto «dita»! E infatti, l'intero programma Seti, *Search for Extraterrestrial Intelligence*, che gli astronomi hanno perseguito per decenni con i loro radiotelescopi, è basato sulla convinzione dell'esistenza di verità universali, in matematica e in fisica, che noi abbiamo scoperto e che intelligenze avanzate extraterrestri non potrebbero che aver scoperto anch'esse nel caso abbiano la capacità di mandare e ricevere segnali.

La prima alternativa al *platonismo matematico*, prevalente in Europa e in epoca medievale, fu lo sviluppo di una filosofia chiamata *formalismo matematico*. L'abbiamo già incontrata in alcuni capitoli di questo libro. Essa si sviluppò in risposta alla proliferazione di differenti geometrie e logiche, mostrando come la matematica fosse unica e singolare nella sua verità. Matematici come Frege, Peano, Russell, Whitehead e Hilbert hanno cercato di derivare tutta la matematica da un singolo insieme di assiomi evidenti e internamente coerenti. Per loro la verità matematica, o «esistenza», significava semplicemente coerenza interna. Non nutrivano alcun interesse verso qualsivoglia corrispondenza tra matematica e realtà del mondo fisico. La matematica era un «gioco», così come gli scacchi o il Go o il GoL (il *Game of Life* di John Conway, un automa cellulare che si basa sui fondamenti della crescita delle cellule in coltura), dotata di regole e di una condizione iniziale. Abbiamo ricordato come Peano realizzò questo programma di lavoro nell'aritmetica. La matematica si riduceva semplicemente all'insieme delle posizioni sul tabellone da gioco a partire dalla casella iniziale, posizioni che non «significavano» nulla al di fuori del tabellone stesso.

Hilbert pensava che, se fosse stato possibile dimostrare che tutte le posizioni ammesse (teoremi e formule) erano raggiungibili a partire dalla casella iniziale grazie a un numero finito di mosse, si sarebbe potuto determinare, di ogni configurazione sul tabellone, se fosse o meno possibile raggiungerla a partire dalla condizione iniziale attraverso la successiva applicazione delle regole date. E quindi se di ogni configurazione si potesse stabilire univocamente se fosse un «teorema». Bisognava anche controllare che non emergessero incoerenze del tipo che dalle regole si potesse dedurre tanto un'affermazione *A* quanto la sua negazione. Da tali incoerenze avremmo sempre potuto dimostrare che 1 = 2. Hilbert era fiducioso che il suo programma potesse essere completato. Non sapeva quanto fosse in errore. Abbiamo visto come Gödel dimostrò l'impossibilità di questo obiettivo. Quando un sistema logico arriva alla complessità dell'aritmetica, non può soddisfare i «desiderata» di Hilbert. È come se ti venisse mostrata una configurazione dei pezzi sulla scacchiera, in sé legittima, ma non esistesse una configurazione precedente che possa portarti a quella. Perfino gli scacchi presentano difficoltà inimmaginabili. Non proprio come la verità matematica, ma quasi.

Molti matematici, specialmente i matematici puri, sono formalisti. Essi non dimostrano alcun interesse nell'applicabilità delle loro strutture matematiche alla scienza o ad altri aspetti del mondo reale, sono felici di esplorare l'enorme complessità delle strutture matematiche così come i protagonisti del *Gioco delle perle di vetro* di Hermann Hesse. Per i formalisti, la matematica è invenzione e non scoperta. Noi stabiliamo le regole e poi esploriamo le conseguenze dell'insieme degli assiomi. Quello che ne deduciamo non esiste altro che nella nostra mente, eventualmente appuntato nei nostri taccuini o sulla lavagna.

Il terzo filone della filosofia matematica è il *costruttivismo*, al cui interno si può collocare anche l'*intuizionismo*. I più convinti sostenitori di questa visione, nel XIX secolo, furono il tedesco Leopold Kronecker e il catatonico matematico olandese Luitzen Brouwer. Abbiamo visto come il loro punto di vista confliggesse con quello di Cantor, i cui infiniti avevano bisogno di abitare un paradiso platonico. Il costruttivismo ha ridotto la possibile estensione del concetto di verità matematica. Sono da considerarsi «vere» solo quelle affermazioni che, a partire da regole costruttive, possono essere dedotte progressivamente attraverso un numero finito di passaggi. Si tratta di un mondo più piccolo rispetto a quello della matematica convenzionale dei platonici perché mette fuori legge tutti i metodi tradizionali di prova che sono «non costruttivi», quel tipo di prove che mostrano come un oggetto matematico può esistere a prescindere dalla sua costruzione passo dopo passo e dalla sua finale espressione. I costruttivisti volevano mettere fuori legge questo tipo di prove giacché avevano timore che esse permettessero ad alcune contraddizioni logiche di infiltrarsi nella matematica e provocarne il collasso, allo stesso modo in cui i Greci avevano paura di ammettere lo 0 nella loro matematica (come è possibile che nessuna cosa possa essere qualcosa?). I costruttivisti non potevano accettare una dimostrazione che assumesse qualcosa come vero e poi deducesse una contraddizione da quell'assunzione, così da non invalidare quest'ultima. Ecco tuttavia al riguardo un meraviglioso esempio da Euclide, nel IV secolo a.C., espresso nel nostro moderno linguaggio matematico.

Euclide, volendo dimostrare che c'è un'infinità di numeri primi, assume che questo sia falso, e quindi che i numeri primi si riducano solo a un numero finito $p_1, \ldots, p_n$. Moltiplicandoli e aggiungendo 1 otteniamo $Q = p_1 \times \ldots \times p_n + 1$. A proposito di questo Q si hanno due possibilità:

- Q è primo; ma è anche chiaramente diverso da $p_1, \ldots, p_n$ e così costituisce un nuovo numero primo;
- Q è composto; allora ha un fattore primo q, che anche stavolta è nuovo, non potendo trovarsi tra $p_1, \ldots, p_n$, altrimenti divide il loro prodotto $p_1 \times \ldots \times p_n$ e la differenza $Q - p_1 \times \ldots \times p_n$, cioè 1.

Abbiamo quindi mostrato che, se i primi sono in numero finito (e dunque si pretende che esista un numero primo più grande), allora si determina una contraddizione logica.

Ecco, di seguito, due esempi che contemplano entrambe le possibilità distinte da Euclide.

- Supponiamo di aver pensato che 2, 3, 5 esauriscano i primi e dunque, volendo, che 5 sia il numero primo più grande. Costruiamo $2 \times 3 \times 5 + 1 = 31$, che è primo: otteniamo direttamente un nuovo numero primo.

• Supponiamo invece di aver pensato che 2, 3, 5, 7, 11 e 13 esauriscano i numeri primi e che quindi 13 sia il massimo. Ma $2 \times 3 \times 5 \times 7 \times 11 \times 13 + 1 =$ 30.031 che, pur non essendo primo, ha due fattori primi, 59 e 509, nuovi, cioè diversi da quelli dati in partenza.

Si noti che l'argomento di Euclide si potrebbe facilmente volgere in modo costruttivo: a partire da un qualsiasi insieme finito di numeri primi, se ne produce uno nuovo proprio seguendo la strategia proposta.

Il costruttivismo non è mai stato popolare tra i matematici, nonostante si tratti di un esercizio assolutamente valido dal punto di vista formale, perché ci sono meno cose che possono dimostrarsi vere all'interno del suo sistema di regole, mentre tutta la serie di eccitanti sviluppi della matematica, come gli infiniti di Cantor, rimane fuori dalla sua portata. In senso metaforico, è come fare matematica con un braccio piegato dietro la schiena. Tuttavia, a metà degli anni '50 del secolo scorso, quando la programmazione dei computer ha fornito un'importante applicazione dell'approccio costruttivista alla matematica, questa filosofia ha trovato una sua casa naturale, per continuare con le metafore. Il pensiero formalista, infatti, non è interessato alla relazione tra la matematica e il mondo fisico, mentre la sua visione è interamente ed esclusivamente una costruzione dell'intelletto.

Una derivazione moderna di questo approccio è chiamata *costruttivismo sociale*. Si tratta di una visione della matematica come costrutto della società. La conoscenza oggettiva che si raggiunge è frutto della crescita di conoscenza collettiva e delle interazioni sociali. Questa matematica non si fonda su un testo di legge o su una collezione di teoremi ma somiglia a un corpus di conoscenze legali relative a un paese o all'insieme delle interpretazioni della sua costituzione, o allo studio della cosmologia. È un corpus di conoscenze che esistono in diverse parti e in molte menti[3]. E che diventano parte del corpus collettivo della matematica nel momento in cui sono accettate da molti matematici.

L'ultima filosofia della matematica che vogliamo considerare è chiamata *strutturalismo*, ed è quella che personalmente trovo più utile. Essa pone l'enfasi sulla matematica come collezione di modelli o relazioni tra le cose più che sulle cose in sé, come i numeri. Supponiamo che qualcuno vi dica di essere sconcertato dall'ubiquità della matematica: la sua onnipresenza nel descrivere come funziona praticamente qualsiasi cosa nell'Universo. E infatti è particolarmente efficace in fisica, astronomia e ingegneria, meno nelle scienze sociali, in psicologia e nelle scienze umane. Io penso che la risposta corretta sia che la matematica è la collezione di tutti i possibili modelli: alcuni sono ben evidenti nel mondo, come le orbite dei pianeti, le simmetrie o i modelli di interazione tra le particelle elementari della materia; altri, come i numeri complessi, non sono di immediata evidenza, mentre altri ancora, come gli infiniti di ordine elevato di Cantor, non hanno trovato un modo di essere utilizzati in Natura, almeno fino a ora.

D'altra parte è inevitabile che la matematica «funzioni» e lavori alla descrizione delle leggi e dei risultati nelle scienze fisiche. Noi non potremmo esistere se non ci fossero modelli nell'Universo. Altrimenti, l'Universo sarebbe un vuoto completo privo di qualsiasi struttura. Se devono esserci modelli ci devono essere matematici in grado di descriverli[4]. Tuttavia, questo non dissipa il mistero di ciò che il fisico Eugene Wigner chiamava «l'irragionevole efficacia della matematica nelle scienze naturali»[5]. Per quanto possa suonare banale ribadire che la matematica descrive le forme del mondo naturale in quanto descrive tutte le possibili forme, rimane il mistero per cui un numero così esiguo di modelli relativamente semplici funzioni in maniera così ricca di conseguenze e così potente nella descrizione e comprensione dell'Universo. Noi possiamo ben contemplare come l'Universo avrebbe potuto essere molto più complicato, certamente più complicato di quanto la nostra mente potrebbe comprendere ancora oggi. È sempre interessante ricordare le parole di Paul Dirac a riguardo:

> Il matematico partecipa a un gioco di cui inventa le regole mentre il fisico partecipa a un gioco le cui regole sono fornite dalla Natura, ma con il passare del tempo diventa sempre più evidente che le regole che il matematico trova interessanti sono le stesse che ha scelto la Natura[6].

Sorprendentemente, molto spesso riteniamo la comprensione del mondo che ci circonda una sfida che possiamo affrontare. La nostra intelligenza si è evoluta in un ambiente la cui complessità per molti aspetti (anche se non per tutti) è comparabile a quella delle nostre menti. Siamo in grado di apprezzare gli schemi e i modelli e li riconosciamo d'istinto in funzione del valore di sopravvivenza che ci hanno garantito. Il trasferimento di questa sensibilità nel mondo concreto e poi astratto della matematica, lo studio dei modelli matematici e in ultima istanza delle leggi di Natura cominciano con la semplice osservazione che 1 + 1 = 2. E continuano senza sosta.

Note

[1] Si veda http://math.utah.edu/~cherk/mathjokes.html.

[2] Una buona panoramica di tutte le possibilità e i problemi si può trovare in https://plato.stanford.edu/entries/platonism-mathematics/, a cura di Øystein Linnebo.

[3] P. Ernest, *Social Constructivism as a Philosophy of Mathematics*, Albany, State University of New York Press, 1998; R. Hersh, *What Is Mathematics Really?*, London, Vintage, 1998.

[4] Il mondo potrebbe ancora essere matematico pure se tutti i teoremi matematici non fossero computabili nel senso di Turing. Solo, avremmo prove non costruttive e teoremi che non sarebbero utili a produrre algoritmi capaci di calcolare quello che vediamo.

[5] E. Wigner, *The Unreasonable Effectiveness of Mathematics in the Natural Sciences*, in «Communications in Pure and Applied Mathematics», 13, 1, 1960. Si potrebbe aggiungere, a questa famosa affermazione, un ulteriore ambito, quello dell'irragionevole inefficacia della matematica nelle scienze sociali e politiche.

[6] P.A.M. Dirac, in «Proceedings of the Royal Society of Edinburgh», 59, part 2, 124, 1938-1939.

Intersezioni

Ultimi volumi pubblicati

525. Ermanno Bronzini, *La battaglia di Cefalonia. Diario di un reduce*
526. Edoardo Lombardi Vallauri, *La lingua disonesta. Contenuti impliciti e strategie di persuasione*
527. Marco Malvaldi - Stefano Marmi, *Caos*
528. Elisabetta Moro, *Sirene. La seduzione dall'antichità ad oggi*
529. Giuseppe Berta, *Detroit. Viaggio nella città degli estremi*
530. Gianfranco Ravasi, *La santa violenza*
531. Luca Serianni, *Il sentimento della lingua. Conversazione con Giuseppe Antonelli*
532. Paolo Legrenzi, *A tu per tu con le nostre paure. Convivere con la vulnerabilità*
533. Oscar Iarussi, *Amarcord Fellini. L'alfabeto di Federico*
534. Attilio Brilli, *Le viaggiatrici del Grand Tour. Storie, amori, avventure*
535. Alessandro Vanoli, *Primavera. La stagione inquieta*
536. Emanuele Felice, *Dubai. L'ultima utopia*
537. Roberto Escobar, *Il mondo di Woody*
538. Maurizio Bettini, *Hai sbagliato foresta. Il furore dell'identità*
539. Fabio Paglieri, *La disinformazione felice. Cosa ci insegnano le bufale*
540. Michele Morgante, *I semi del futuro. Dieci lezioni di genetica delle piante*
541. Rosalia Cavalieri, *Gastronomia consapevole. Istruzioni per l'uso*
542. Piero Boitani, *Ovidio, storie di metamorfosi*
543. Giulio Guidorizzi, *Sofocle, l'abisso di Edipo*
544. Carlo M. Cipolla, *Monete e civiltà mediterranea*
545. Hubert Heyriès, *La breccia di Porta Pia. 20 settembre 1870*
546. Alessandro Vanoli, *Autunno. Il tempo del ritorno*
547. John D. Barrow, *1 + 1 non fa (sempre) 2. Una lezione di matematica*